低头赌气 不如 抬头争气

DITOUDUQI
BURUTAITOU
ZHENGQI

李帆◎编著

广东旅游出版社
GUANGDONG TRAVEL & TOURISM PRESS
党读书·党践行·悦享人生
中国·广州

图书在版编目（CIP）数据

低头赌气，不如抬头争气 / 李帆编著. — 广州：广东旅游出版社，
2017.3（2024.8重印）

ISBN 978-7-5570-0742-3

Ⅰ.①低… Ⅱ.①李… Ⅲ.①人生哲学 - 通俗读物 Ⅳ.①B821-49

中国版本图书馆CIP数据核字（2017）第023254号

···

低头赌气，不如抬头争气

DI TOU DU QI , BU RU TAI TOU ZHENG QI

出 版 人　刘志松
责任编辑　李　丽
责任技编　冼志良
责任校对　李瑞苑

广东旅游出版社出版发行

地　　址	广东省广州市荔湾区沙面北街71号首、二层
邮　　编	510130
电　　话	020-87347732（总编室）　020-87348887（销售热线）
投稿邮箱	2026542779@qq.com
印　　刷	三河市腾飞印务有限公司
	（地址：三河市黄土庄镇小石庄村）
开　　本	710毫米×1000毫米 1/16
印　　张	16
字　　数	220千
版　　次	2017年3月第1版
印　　次	2024年8月第2次印刷
定　　价	68.00元

本书若有倒装、缺页影响阅读，请与承印厂联系调换，联系电话 0316-3153358

前言

在平时的工作跟生活中，我们都免不了跟别人发生误解，甚至摩擦。这个时候，有的人可能会选择低头赌气，有的人会选择抬头争气。选择低头赌气的人，往往会把自己陷入一个恶性循环的境地：没有办法安心工作，每天总是在注意别人的看法，总是在暗中跟别人较劲；选择抬头争气的人，却在变得越来越好：每天斗志昂扬，不管别人怎么说，认真做好自己的工作。结果就是低头赌气的人离目标越来越远，抬头争气的人离成功越来越近。

每个人的一生，都需要成长，从赌气到争气也是一个成长的过程，这样我们才能让生命跃进、让智慧更成熟。本书就是给读者一个改变自己，走向成功的机会。读了这本书，你会认识到：

一、容易生气，只能是无能的表现。一个只会愤怒的人是蠢人，一个能够控制自己情绪、做到尽量不发怒的人是聪明人。聪明人的聪明之处，是善于运用理智，将情绪引入正确的表现渠道，使自己按理智的原则控制情绪，用理智驾驭情感，并把这种情感转化为你前进的动力。

二、面对不公，赌气无济于事。我们应当做自己情绪的主人，培养自己愉快的心情，调节好自己的情绪，提高适应环境的能力，保持良好的精神状态。

三、未来路长，正视自己才能成长。正确全面认识自己的优点和缺点，充分肯定自己，相信自己的能力，挖掘自己的潜力，提高自己，就能消灭自卑，找回自信，赢得完美人生。

四、博采众长，会学习的人才能争气。学众人之长，你就长于众人。孔老夫子说："三人行，必有我师焉"。我们之所以不成功，就是因为我们身上缺少了成功人的特质。21世纪是一个学习的世纪，学习可以帮助我们走向成功，特别是向那些成功人士学习，能够很快成就自己。学习成功者的优秀习惯，成就自己的梦想，只要自己争气，每个人都可以。

五、不要固执，别让一成不变害了你。有一种错误，叫固执，思维定势一旦形成，有时是很悲哀的。这就是我们要不断学习新知识、新观念的原因之一：形势在不断变化，必须关注这些变化并调整行为。一成不变的观念将带来毫无生机的局面。

六、笑赢人生，把逆境当成最好的学校。在逆境中微笑，就愈显得笑的不易，笑的可贵。在逆境中，学会开朗地笑，心情坦坦荡荡，更是不易。而要做到这一点，就要具有坚强的意志，就得有宽广的胸怀，并要有意识地锻炼自己，磨炼自己的意志。在挑战逆境的道路中，不乏有"失败"相陪，但谨记失败不失志。

七、眼光长远，你能看多远才能走多远。事物都是不断向前发展的，我们也是在岁月的流逝中不断进步的。或许，现在我们很贫穷，但不代表我们以后不会富甲天下；或许我们暂时学识很少，但不代表以后我们不会学富五车，才高八斗。用发展的眼光看自己和周围的一切事务，人生充满未知数。

八、沉稳踏实，别让浮躁蒙住了你的上进心。浮躁不仅使人失去思想上的冷静，失去心理上的平衡，更会使人不再用脑子去思想，而是用眼睛和耳朵去思想，看到什么、听到什么就是什么。浮躁的人不再考虑自己的长短优劣，只与别人比较所走的途径和结果。

九、点燃热情，让每天都充满努力的信心。在我们每个人的生活中，都需要燃起信念的"灯火"，当我们被失败和挫折所困扰时，抬头看看前面的灯火，便会心生勇气和力量，因为那是我们日夜企盼的目标，我们是那样的希望得到它，又怎会随便放弃呢？

十、十年磨剑，在生命的每一刻都尽力而为。条件不如人，与其生气不如争气，与其认命不如拼命。冬梅忍住了刺骨寒冷，才能散发出沁人的幽香；只要拥有一份执著的信念、永不放弃的精神，才能绝处逢生。怨天尤人，只会增加自己的"气包"。倒不如，把所有的怨气运用到自己的斗志上，虽然很苦，殊不知，"宝剑锋从磨砺出，梅花香自苦寒来"，只有在艰苦的环境中磨炼自己，才能为以后的成功铺平道路。

本书通过一个个生动的小故事，让你远离赌气，学会用争气来成就自己。至于你的成功会是什么样子，一切就由你自己说了算！

目录

第一章
容易生气，只能是无能的表现

一个只会愤怒的人是蠢人，一个能够控制自己情绪、做到尽量不发怒的人是聪明人。聪明人的聪明之处，是善于运用理智，将情绪引入正确的表现渠道，使自己按理智的原则控制情绪，用理智驾驭情感，并把这种情感转化为你前进的动力。

第二章
面对不公，赌气于事无补

我们应当做自己情绪的主人，培养自己愉快的心情，调节好自己的情绪，提高适应环境的能力，保持良好的精神状态。

第三章
未来路长，正视自己才能成长

正确全面认识自己的优点和缺点，充分肯定自己，相信自己的能力，挖掘自己的潜力，提高自己，就能消灭自卑，找回自信，赢得完美人生。

第四章
博采众长，会学习的人才能争气

学众人之长，你就长于众人。孔老夫子说："三人行，必有我师焉。"我们之所以不成功，就是因为我们身上缺少了成功人的特质。21世纪是一个学习的世纪，学习可以帮助我们走向成功，特别是向那些成功人士学习，能够很快成就自己。学习成功者的优秀习惯，成就自己的梦想，只要自己争气，每个人都可以。

第五章
不要固执，别让一成不变害了你

有一种错误，叫固执，思维定式一旦形成，有时是很悲哀的。这就是我们要不断学习新知识、新观念的原因之一：形势在不断变化，必须关注这些变化并调整行为。一成不变的观念将带来毫无生机的局面。

第六章
笑赢人生，把逆境当成一所最好的学校

在逆境中微笑，就愈显得笑的不易，笑的可贵。在逆境中学会开朗地笑，心情坦坦荡荡，更是不易。而要做到这一点，就要具有坚强的意志，就得有宽广的胸怀，并要有意识地锻炼自己，磨炼自己的意志。在挑战逆境的道路中，不乏有"失败"相陪，但谨记失败不失志。

第七章
眼光长远，你能看多远才能走多远

事物都是不断向前发展的，我们也是在岁月的流逝中不断进步的。或许，现在我们很贫穷，但不代表我们以后不会富甲天下；或许我们暂时学识很少，但不代表以后我们不会学富五车，才高八斗。用发展的眼光看自己和周围的一切事务，人生充满未知数。

第八章
沉稳踏实，别让浮躁蒙住了你的上进心

浮躁不仅使人失去思想上的冷静，失去心理上的平衡，更会使人不再用脑子去思想，只用眼睛和耳朵去思想，看到什么、听到什么就是什么。浮躁的人不再考虑自己的长短优劣，只与别人比较所走的途径和结果。

第九章
点燃热情，让每天都充满努力的信心

在我们每个人的生活中，都需要燃起信念的"灯火"，当我们被失败和挫折所困扰时，抬头看看前面的灯火，便会心生勇气和力量，因为那是我们日夜企盼的目标，我们是那样的希望得到它，又怎会随便放弃呢？

第十章
十年磨剑，在生命的每一刻都尽力而为

条件不如人，与其生气不如争气，与其认命不如拼命。冬梅忍住了刺骨寒冷，才能散发出沁人的幽香；只要拥有一份执着的信念、永不放弃的精神，才能绝处逢生。怨天尤人，只会增加自己的"气包"。倒不如，把所有的怨气运用到自己的斗志上，虽然很苦，殊不知，"宝剑锋从磨砺出，梅花香自苦寒来"，只有在艰苦的环境中磨炼自己，才能为以后的成功铺平道路。

第一章　容易生气，只能是无能的表现

　　一个只会愤怒的人是蠢人，一个能够控制自己情绪、做到尽量不发怒的人是聪明人。聪明人的聪明之处，是善于运用理智，将情绪引入正确的表现渠道，使自己按理智的原则控制情绪，用理智驾驭情感，并把这种情感转化为你前进的动力。

容易生气只能证明自己愚蠢

容易发怒是莽夫所为，是无能的表现，是一个人低素养和愚蠢的表露，易怒之人，在交际圈中永远得不到别人的尊重和欢迎。

著名作家萧伯纳有一句名言："以愤怒开始的事情，往往以悔恨告终！"遇事一味地生气，是一种消极、愚蠢的表现，最终受伤害的也是你自己。遇事不生气、不发怒，不仅是明智的处世良方，也是良好的养生之道。人应该学会控制自己的情绪，而不应该被情绪所左右，因为在情绪失控之时而发怒，不仅会伤害对方，也会伤害自己。要知道，虽然怒火的宣泄会使你一时地解除或者缓解心理上的压力，但是，愤怒和生气对于问题的解决或矛盾的缓解不仅起不到积极作用，反而会伤害彼此间的感情，就算能给你带来一时的安全感或痛快感，但也显示出生气者的气量短小、缺乏能力等。要知道，暴跳如雷往往是无知的表现。所以有人说，生气是一种无能的表现，生气是用别人的过错来惩罚自己的一种愚蠢行为。生气只能证明自己的愚蠢。

容易生气处不好人际关系

有些人爱发火，凡事都认为自己有理，所以一听到不顺耳的话，便"理直气壮"地反驳。往往发火是产生愤怒的情绪，从轻微的烦躁不安到严重的咆哮发怒，乱摔东西，甚至丧失理智。实际上有时不一定自己都对，别人都错，即使是自己对了，那般怒发冲冠的势头，也会使人难以接受的。久而久之，成为一种习惯和惰性的不良反应，变成一种侵袭人际关系的"癌症"。

易怒之人，在交际圈中永远得不到别人的尊重和欢迎。现实中不乏这样的人，相貌堂堂，胸怀大志，才华满腹，既有学历，又有超人的工作能力。但是，他们却始终郁郁不得志，甚至是别人眼中的失败者和负面教材。然而真的是"命苦"所致吗？当然不是，空有才华无人欣赏，即使是再好的千里马也会被埋没的。

可能许多人会问，如果真有才华为什么会得不到别人的赏识呢？这是多方面的原因造成的，但是有一个至关重要的因素，就是"做人"的问题。有人会做人，左右逢源，无往而不利；有些人却处处得罪人，举步维艰。这一点在很大程度上都取决于自己处事的态度，如果经常为一点小事斤斤计较，怒不可遏，相信没有人会赏识这样的人吧。

当我们的心中被怒气与愤懑填充，内心充满不快和敌意时，如果你能先检查一下自己，谦虚点，火气自然就会烟消云散，矛盾也就不至于越弄越僵了。如果不顾一切地与对方大吵或怒骂一通，那么发泄过后，唯一的结果就是伤害。其实，这种发泄并非有益，最好的解决办法就是忍一忍，压一压火，控制自己的情绪，不要轻易被怒气所控制。

发怒是莽夫所为，是无能的表现，是一个人低修养的表露，正如宋代大文豪苏轼的名言："匹夫见辱拔剑而起，挺身而斗，此不足为勇也；夫天下大勇者，猝然临之而不惊，无故加之而不怒。"能够临危不惧，忍辱负重，才是大丈夫的所作所为。

人脉是每个人不能忽视的一笔潜在财富。没有丰富的人脉关系，人无论做什么事都将举步维艰，这是每个人都知道的，但是，如果你总是用怒气的火焰来考验人脉这座金矿的话，那么，再纯正的金子也会被融化掉的。明知不可为而为之，不是愚蠢是什么？

容易生气，伤身伤心

经常生气是百病之源。心理学认为，生气是一种不良情绪，是消极的心境，它会使人闷闷不乐，低沉阴郁，进而破坏人与人之间的相互关系，阻碍情感交流，导致内疚与沮丧。医生经常告诫心脏病和高血压病患者，避免刺激，不要激动，更不能生气发火。因为人在激动、生气、发怒时，心跳加快、血压上升、血糖增加，血液会快速冲上头部，所以不仅损伤大脑，还会损伤精神。据统计，情绪低落、容易生气的人患癌症和神经衰弱的可能性要比正常人要大得多。愤怒像一种心理上的病毒，会使人重病缠身，一蹶不振，所以说经常生气、发怒就会影响身体健康，不利养生。从中医角度来看，生气至少有以下几大害处：

伤肤

经常生闷气会让你的颜面憔悴、双眼浮肿、皱纹多生。当人生气时血液会大量涌向面部，此时血液中的氧气会减少、毒素会增多。因生气产生的毒素会刺激毛囊，使毛囊周围出现程度不等的深部炎症，因此，产生色斑等皮肤问题。

伤肝

人处于气愤愁闷状态时，会导致肝气不畅、肝胆不和、肝部疼痛。使血糖升高，脂肪分解加强，血液和肝细胞内的毒素增加。

伤神

生气会加快脑细胞衰老，减弱大脑功能，而且大量血液涌向大脑，会使脑血管的压力增加。气愤之极，可使大脑思维突破常规的活动，往往做出鲁莽或过激举动，反常行为又形成对大脑中枢的恶劣刺激，气血上冲，还会导致脑溢血。

如果经常性情绪不佳，生理上会失去平衡，五脏六腑会发生非理性的运动，免疫功能会随着情绪的波动而降低，甚至还有一些人因一时发怒损害自己的生命，实在令人叹息。非欧几何的创立者小波利亚就是一颗陨落的新星。

小波利亚在1831年将自己的论文《绝对空间的科学》寄给大数学家高斯，请求他给自己提意见。但是论文在途中丢失了，于是小波利亚又寄去了一份。高斯收到后，对小波利亚非常地赞赏。于是他写信给老波利亚称赞他的儿子，说小波利亚有很高的天赋。高斯还表示，自己关于此方面的研究终生不会发表，因为大多数人对这方面所讨论的问题抱着不正确的态度，他不想听到某些人的喊声，现在小波利亚让他看到了希望。

但是老波利亚并没有将此告诉儿子。许久不见高斯的回应，这令小波利亚感到极其失望。尽管高斯并没有发表关于非欧几何的论文，但他仍然认为，高斯这位"贪心的巨人"已经有意无意地剽窃了他的成果，剥夺了他创立非欧几何的优先权。小波利亚对此异常愤怒、痛心疾首。在这样的心态下生活，对他的身体和心理都造成了极大的危害。1848年，当他看到俄国数学家罗巴切夫斯基发表了关于此方面的学术论文后，他更加恼怒，怀疑人人都与他作对，决定抛弃所有关于数学方面的研究，发誓不再发表任何数学论文。

就在这样悲愤的心情中，小波利亚于1860年1月27日因肺炎发作在马洛斯发沙黑利悄然去世，一位对数学界造成巨大影响的新星就此陨落了。

我们每个人在生气的时候，旁人总是在劝着说："别生气，气坏了身体怎么办?"每个人都知道生气对身体的危害，但到自己处在这个情境里时，又总是控制不住自己。人类最为可怕的不是无知，而是明知道此事的危害，却依然"痴心不改"。人们在形容这些人时，只有两个字——愚蠢。

别常为琐碎小事七窍生烟

生活中不如意的事十有八九，为一些鸡毛蒜皮、微不足道的小事而耿耿于怀，浪费自己的时间和精力是不值得的。

现实当中我们经常可以看到这样的情形：几个青年在打篮球。一个青年突破上篮，被另一个青年从身后打手犯规。上篮者顿时发火："你他妈的怎么乱打手？""我打了，怎么样？"于是，两个青年从动口到动手，打得不可开交。为这点小事发火，本是不值得的，但是，因此等小事而酿成的悲剧却举不胜举。那种发泄方式是以身心受伤害为代价的，当把所有的不满付诸行动后，伤害就会随之而来。

不如意事碰得多了不免怨天尤人，郁闷、低沉！从而弄得自己很生气。如小孩不听话，气！自己的工作没做好，气！别人在背后说你闲话，气！等等，诸如此类，不胜枚举……我们往往在冲动中"一气之下"做出一些让自己后悔不已的鲁莽行为，而这种行为，不仅伤害别人，也伤害自己的身心，还损害自己的形象。但不知你是否静下心来想过，为这些琐碎的小事而七窍生烟，值得吗？

人生是短暂的，所以，不要因一些鸡毛蒜皮、微不足道的小事而耿耿于怀，为这些小事而浪费你的时间、耗费你的精力是不值得的。智者云：与人过不去就是与自己过不去；发脾气就是拿别人的错误惩罚自己！美国著名作家迪斯雷利曾经说过："为小事而生气的人，生命是短促的。"如果你真正理解了这句话的深刻含义，那么，你就不会再为一些不值得一提的小事生气了。

"一气之下"的冲动惩罚

有这样一个寓言故事：

从前，有一只骆驼在沙漠中无力地向前走着。太阳将它晒得又饿又渴，骆驼装着一肚子的火，不知道该往哪儿发。

就在这时，骆驼的脚被一块小玻璃给割了一下，为此立刻引起了它的怒气，抬起脚狠狠地将碎玻璃片踢了出去。却不小心将脚掌划开了一道深深的口子，气呼呼的骆驼顿时火冒三丈，鲜红的血液立刻把沙粒染红了。骆驼就这样带着伤继续走着，身后留下了一串血迹。血腥味引来了秃鹰，它们不停地盘旋在空中，等待着攻击。而且附近的沙漠狼也闻着血腥味一路跟了过来。骆驼心里一惊，不顾伤势一路狂奔起来，到了沙漠边缘的时候，骆驼已疲惫不堪，仓皇中跑到一处食人蚁的巢穴附近。食人蚁闻着血腥味倾巢而出，一下子就将骆驼包围了。没一会，骆驼就倒在了血泊当中。

直到临死前，骆驼才明白了它的错误，追悔莫及地叹道："我为什么跟一块小小的碎玻璃片生气呢？"但是这样的醒悟已经太晚了。

这样的例子，在我们的生活与工作中经常能够看到。因为一点小事情就发无名火，最后无名火将点燃的不仅仅是自己。等到真正面临严重后果时才发现，自己的所作所为都是因为一时之气，而造成了永远无法挽回的过错。

喜欢生气、为小事发狂的人，总是让别人有机可乘。易怒的人最大的一个特点便是冲动，历史上有许多人就是因为此而事业尽败，甚至还赔上了性命。关键时刻的冷静往往成为成功的决定因素，那些动不动就暴跳如雷者是最无用之人，他们往往会将自身的缺点暴露无遗，让别人给自己致命的打击，就像故事中的骆驼一样。但是如果在怒火即将爆发的时候忍一忍，平衡一下心态，就会减少很多不必要的麻烦。

人们喜欢为了一些鸡毛蒜皮不重要的事物便争执不休，气得特别厉害的话要么大哭一场，要么喝闷酒，女人还会疯狂购物。其实这样做又有什么用呢！徒然浪费许多有限的生命，还落个一无是处的坏名声。人与人之间的争吵、欺诈、迫害，都是浪费精力又无意义的事情。难道你的气愤能使对方受到惩罚吗？而结果往往是把自己推入了错误的深渊，自己惩罚自己罢了。生气不但解决不了问题，相反还会把问题搞得更加复杂化了。

经常为小事而生气是愚蠢的表现。如果一个人比较容易上火，那么难免就会有些事情做不好，甚至可能得罪人，所以，我们做什么事情都不能意气用事，更不能生气，应该知道生气是解决不了问题的。生气只能害人害己。遇事要懂得静下心来想一想，把不利变为有利，把坏事变为好事。

与其埋怨别人，不如自我反省

从前，有个妇人，非常易怒，经常为生活中的小事大发脾气，和邻居、朋友的关系都搞得很僵。她想改，一时又改不了，于是终日闷闷不乐。她越是这样，越是容易生气！朋友知道后，就说南山庙里的老和尚是个得道高僧，他也许可以帮你解决这个问题！

于是妇人去找那个和尚。大师听了她的苦闷后，就把她带到了一个柴房的门口，说："施主，请进！"妇人很奇怪，但她还是硬着头皮走进了柴房！这时和尚趁机便把门给锁了，转身就走。妇人一看，怒气就不打自来了："你这个死和尚，干吗把我关在里面啊？""快放我出去……"和尚笑道："我现在放你出去的话，等会你就骂我是秃驴了！你还是在里面呆着吧！"

这样过了一个时辰，女人总算是安静下来了，于是和尚问她是否还在生气。妇人回答说："我生我自己的气，我为什么听信别人的话来你这受罪呢？"

"连自己都不能原谅的人怎么能够原谅别人呢？"和尚拂袖而去。

又一个时辰过去了，妇人说："不气了，气也没有办法。"

"你的气还没有消去，还压在心里，爆发以后仍会很剧烈。"和尚说完又离开了。

第三个时辰也过去了，妇人觉得生气不值得。和尚笑着说："还知道什么叫不值得呀，看来心中还有衡量，还是有气根的。"

终于，和尚第四次来看时，妇人抬起头说："大师，真是奇怪啊，我现在反而并不生气了，有什么好气的呢？我想明白了：生气不就是自己找罪受吗？"和尚把手中的茶水倾洒在了地上。妇人看了很久才顿悟。

这位妇人就是在这几个时辰当中，认真地想了，彻底地分析了自己，所以她顿悟了。人有七情六欲，只要有感情，就会有怒气。但是，凡事都要有一个度，要有因有果。很多人都知道发怒不好，但就是无法控制。

当我们面临着无由而来的怒气时，与其埋怨别人，不如自我反省。其实，很多时候，生气是由自身的原因造成的。所以，在生气时，要学会从自身找原因，常常进行自我反省。人总是在自省中认清自己，并且决定自己不生气，相信自己能做得到。

在面对怒气时，首先要回忆自己的行为，看看自己的怒气是否有道理。也许在这些思考当中，你会发现自己有时候明显是无理取闹。所以，如果你在发怒之前能想一想发怒的对象和理由是否合适，方法是否适当，你发怒的次数就会减少 90%。

第二，要经常对自己进行自我反省，加强道德修养。生活中我们可以观察到，易上火的人对鸡毛蒜皮的小事都很在意，别人不经意的一句话都会耿耿于怀。过后，他又会把事情尽量往坏处想，结果就是把事情越想越坏，越来越气，终至怒气冲天。要想熄灭心中之火，最重要的一条就是要加强思想道德修养。在生活中，要经常对自己的道德品质进行反省，不断地对自己进行完善与提高，如此方能自如地克制激动情绪，也就不会遇事即刻弹跳起来，大发雷霆了。

上文中的和尚就是以此让妇人明白了生气的真谛，其实气就是别人泼出去不要的东西，而你却把它当宝贝一样收藏起来了。生活中，我们每个人都会面临许多的摩擦与不如意之事，如果次次都以生气作为贯穿全过程的主线，那么，岂不是每天都要在灰暗中度过？快乐是一天，不快乐也是一天，相信每一个聪明人都会选择快乐的生活。

愚蠢人遇到一点琐碎小事就怒不可遏，而聪明人则是抿嘴一笑，所以，聪明人生活得更快乐、更幸福。如果每个人都能有意识地抑制自己的火气，那么，我们在生活中就一定会减少许多不必要的摩擦，人与人之间就会相处得更加融洽、和谐、美好。不要为小事而烦恼、生气，生活中有许多更值得我们关注的东西。

生气时也要记得微笑

生活中充满了酸甜苦辣，对此，你是微笑还是生气，也就取决于自己的心态。既然说生气是用别人的错误来处罚自己，那为什么我们不能以微笑来让自己释怀。

人生是多彩的，赤橙黄绿青蓝紫，各色不同；酸甜苦辣咸，五种味道，各有所好；喜怒哀乐悲恐惊，七种情感，品之不尽。只有面对这样的多彩人生，我们的生活才会有滋有味，所以要善待生活中的每一面。当你怒不可言时，一定要学会缓和自己的怨气，用平和的心态去面对，用微笑把它撵走，你就会觉得生活别有一番滋味。

微笑使人想起人间一切美好的事物。老人的微笑，使人想起吐放着余香的晚菊；孩子的微笑，使人想起滚动在花骨朵上晶莹的露珠。人生的微笑是捡拾不尽的，像洒落在金色沙堆上斑斓的贝壳，像散发着银辉的皓月……

其实生气和快乐都是一些小事的情感表露，有时候只为了一句话，一个态度，一个微笑……微笑着生气，以一副云淡风轻的模样应对所有的刁难，微笑不仅可以带给别人真诚的关怀和善意，又可以让自己生活在愉悦温暖的人群中。何乐而不为呢？

生气与微笑的距离就在一念之间

生气和微笑对人来说都是情感的流露，但是它们对一个人来说有着不同寻常的意义，它们也是人们对一件事所抱的态度，然而它们的距离其实只是一念之隔。

要想成为一个不会时刻生气的人，你就要有审视自己的念头，看清楚在你心中升起的这个念头是正面思考还是负面思考。比如你在大街上碰到你的上司，当你朝他微笑，冲他打招呼，而他却视而不见，匆匆走过去。其正面思考是：上司没有看见我，没有听见我和他打招呼。而负面的思考是觉得自己做了某件事得罪了他，或者是自己工作中有某方面的失误等等。此时，你可以对自己微笑一下，这时你的思想就会朝好的方面想，负面的想法就会自动消失。而根据研究，正面思考可以提升记忆力与解决问题的能力，能够离成功更加靠近，从而引发更多正面的思考，形成一个快乐成功的良性循环，这就是微笑的魔力。负面思考则相反，它只会让问题更加复杂，让你解决问题的能力降低，引发更多负面思考，造成更多失败的结果，形成忧郁的性格。

生活中不可缺少微笑，缤纷的生活更需缤纷的微笑。人生有得亦有失，得志时，微微一笑，不忘形，便有了一种深沉的内涵；失意时，微微一笑，不气馁，便多了一份大度洒脱。人生的道路平坦又曲折，平坦时微微一笑，继续赶路，不奢望永远都是一帆风顺；坎坷时，微微一笑，奋起直追，不相信人生尽是迈不过的坎。收获爱情时，微微一笑，回味一下有情人终成眷属的滋味；棒打鸳鸯时，微微一笑，进行一次天涯何处无芳草的"心理按摩"。与人有隔阂时，微微一笑，一笑泯恩仇；被人误解时，则微微一笑，天地宽广……

在纷乱复杂的大千世界中，事物都是瞬息万变的，不可能事事都能够尽美，不可能件件都很顺心，不尽如人意的事总会时有发生。人非圣贤，孰能无过？如果你正处在一种愤怒之中，或者是处于一种激动的心情之中，那么，你将会做出许多傻事。遇到这种情况，要神志清醒。即使是伪装——也要微笑。

黑夜里，有一个强盗敲开了一家房门，拿着刀准备抢劫。开门的是位妇女，她看见强盗，先是一惊，但马上镇定下来，微笑着说："先生，你是来推销刀的吧，请进来坐一坐，我给你倒杯水喝。"强盗被主人的热情和微笑感动了，于是，他放弃了抢劫的念头，并且从那以后改邪归正。

微笑可以创造奇迹。你刚咧开嘴，脑海里立刻浮现出一些愉快的事，所有器官从准备战斗的紧张状态中获得舒缓。感情是很有感染力的，我们一定要相信，愤怒会引来愤怒，而微笑则会回报微笑。

别拿别人的错误惩罚自己

有人说：生气是用别人的错误来惩罚自己。所以，在别人犯错时，不要生气，不要惩罚自己，用宽广的胸怀来对人对事，用微笑来平和自己的心态，学会对自己好一点。

在日常生活中，生气是避免不了的，就连"气死我了"都是一种常见的口头语。无论是在公司里和老板争执，还是在家里被"不可理喻"的爱人说得哑口无言，人们通常都是独自坐在角落里生闷气。那种挫败感和失落感是难以用语言表达的，其实，哪里有那么多的气好生呢？美国一位社会学家曾说："生气并不是一种先天性的情绪和行为，而是后天学到的。人们生气不生气，是自己决定的。"也就是说，人们的生气是可以自己控制的。这就是为什么对于同一件事，有人被气得暴跳如雷，而有人怡然自得、丝毫不放在心上。所以，只要你明白生气是自己和自己过不去，是自我惩罚、自我虐待，你自然就不会经常让自己去"气死"了，除非你把生气当作是生活的调味品。

要想不生气，就是在你最想生气的时候学会微笑。微笑有不可估量的魅力，不可预测的力量！微笑是豁达在脸上绽放的花朵，是宽容在眼里迸发的深情，既能安慰对方因失误而愧疚的心，还能够让对方对你心存感激，而且还能得到对方的信任和尊重。同时，你也不会因为发怒而伤害身体，能够保持自己心态的平和宁静，难道不好吗？

在生气与微笑之间，请选择微笑，不要因为一时之气，说一些让朋友受伤的话，做伤害朋友的事，这样既伤害朋友，也伤害自己，正所谓得不偿失。用微笑对待生气，你开心所以我快乐。当你要与别人吵架的时候，一定要记得你们的相遇，不是用来生气的！要把微笑常挂在脸上，给自己微笑也给对方微笑，你快乐所以我也快乐。

曾经有一位非常喜爱兰花的禅师，在平日弘法讲经之余，花费了许多的心思在寺院中栽种了一大片兰花。

有一天禅师心血来潮，要外出云游一段时间，临行前他交代弟子，要好好照顾寺里的兰花，然后拂尘离去。在这段时间，弟子们总是细心照顾兰花。但有一天在浇水时却不小心将兰花架碰倒了，所有的兰花盆都跌碎了，兰花也撒了一地。弟子们都因此非常恐慌，打算等师父回来后，向师父赔罪领罚。

禅师云游回来，得知此事以后，便召集弟子们，不但没有责怪，反而微笑着说道："我种兰花，一来是希望用来供佛，二来也是为了美化寺庙环境，不是为了生气而种兰花的，所以，大家也不必太自责了。"闻言，弟子们顿时松了一口气。

是微笑还是生气也就取决于人们的心态，如果每天你想的都是新的一天，新的开始，新的人生路，那么，还会有怨气吗？还会生气吗？

生活像一面镜子，你对它微笑与生气都会还你以微笑与生气，也许我们有时候会看到一面晃动的镜子，晃动中看不清自己，始终只能看到一个颠簸的人影在忽喜忽悲。于是我们便在烦躁中斜视了别人的镜子，不小心瞄到自己的身影，遥遥地看，客观地看，在对比中迷失自己，没注意距离角度的不同，结果都会大相径庭。想想看，也许在别人眼中，镜子中的我们也是他们眼中最美丽最令人羡慕的那道风景。生活的隐形规则大概就是这样，所以，请释然那些悲伤与怨气吧，我们不是为了生气而读书的，我们不是为了生气而工作的，我们不是为了生气而交朋友的，我们不是为了生气而做夫妻的，我们不是为了生气而生儿育女的；生气只会伤心、伤肝、伤肾又伤肠胃，微微扬起你的嘴角吧！为我们烦恼的心情开辟出另一番祥和。

改变不了环境，就改变自己

人的生命就是不断地适应和再适应，每个人都有自己的生存环境，当环境不能随心而变时，那么最好的方法就是改变自己。

人生之路，旅途漫漫，在我们的现实生活中，我们总会遇到不开心的事，在不开心时，就会埋怨别人或埋怨环境，不断地生气，气自己也气别人。其实，这都是我们错误的观念。虽然每个人都有权利追求理想的职位、良好的工作环境的美好心愿，但生活总是不按照我们美好的愿望来安排，道路总是九曲十弯。此时，你生气有什么用？生气能够为你带来转机吗？生气就能改变环境吗？一个人不能时时刻刻都和环境相宜。当环境恶劣的时候，我们不是设法来应付环境，就是设法改变自己，使自己能适应环境。就像托尔斯泰说的："世界上只有两种人，一种是观望者，一种是行动者。大多数人都想改变这个世界，但没有人想改变自己。"

在我们的成长过程中，会遇到无数大事小事，形形色色的人。面对不尽如人意甚至是不合逻辑的事，我们可能都曾试图通过自己的努力去改变，结果却徒劳了一番。因为人们总是用自己的尺度要求别人，希望周围环境顺应自己的要求，其实，这是大错特错。周围的人是不会为你做任何改变的，如果意识不到这一点，人便总处于茫然失落的状态。你不能改变别人，不能改变世界，你唯一能做的就是改变自己。要改变现状就得改变自己。要改变自己，就要改变自己的观念。一切成就，都是从正确的观念开始的。一连串的失败，也都是从错误的观念开始。识时务者为俊杰！

与其抱怨环境，不如改变自己

一个小孩子在父亲的葡萄酒厂看守橡木桶，每天早上，他用抹布将一个个木桶擦拭干净，然后一排排整齐地摆放好。令他生气的是：往往一夜之间，风就把他排列整齐的木桶吹得东倒西歪。小男孩子很生气，父亲安慰他说："我们可以想办法征服风啊！"

于是小男孩子就一直想啊想啊，终于想到了一个好办法，他挑来一桶一桶的清水，然后，把它们倒进那些空空的橡木桶里，而后忐忑不安地回家了。第二天一大早，小男孩就匆匆爬了起来，他跑到放桶的地方一看，那些木桶仍然排列得整整齐齐，没有一个被风吹倒或吹歪。小男孩高兴地笑了，对父亲说："要想木桶不被风吹倒，就要加重木桶的重量。"这是一个哲理故事，不知你是否读懂了呢？

小男孩的故事告诉我们，我们改变不了风，也可以说我们改变不了世界和社会上太多的东西，但是我们可能通过改变自己，给自己不断加重，那么，这样我们就可以征服一切，适应变化，立于不败之地了。

我们每天都在面临着不同的环境与事件，有些人总是在感叹时乖运塞；有些人总是在抱怨志不得伸，才不得用。于是，他们愤世嫉俗，不断地抱怨环境，以怒气对待每一个人，结果使得人生的道路越走越窄，事业越来越失败。盲目自大的人是愚人，愚人之顽不可医，这注定了他们的失败。

一个聪明的人，首先是一个适应性很强的人，而不是企图改变环境和他人的人。"你虽然改变不了环境，但你可以改变自己。"这句话已经成了无数成功人士恪守的人生准则。在许多情况下，我们不可能改变残酷的现实，唯一可行的选择是改变自己。只有这样，才能克服更多的困难，战胜更多的挫折，实现自我。如果不能看到自己的缺点与不足，只是一味地埋怨环境不利，从而把改变境遇的希望寄托在改换环境上面，这实在是徒劳无益的。就好比一块石头，有棱有角，从山坡滚下去势必沿途碰撞兼极具破坏力，自身也会崩裂碎烂，但如果是圆滑的鹅卵石，就顺利轻松多了。

与其埋怨环境，不如改变自我。要改变自己就要树立正确的思想。改变自己是一个循序渐进的过程。先适应社会，到感激生活、创造生活，再到顺应潮流，最后到立志。用心去生活，无论你是在城市还是乡村，无论你是贫困还是富有。

我们要以一颗真实的心面对生活，面对他人，面对世界。同时，要树立一种积极乐观的人生观，以积极的态度去对待生活和工作。一个人的工作态度折射出你的人生态度，而人生态度决定了你一生的工作成就。但是，改变自己要有自己的原则和操守。不要以为所有的适应都是随波逐流，不要以为所有的适应都是世故与圆滑。

达尔文说："适者生存。"这个时代前进的脚步太快了，不要不适应，不要不调整，不要总是抱怨，不要总是力图改变环境。当我们在为生活或境遇烦恼苦闷到极点的时候，要学会敞开一扇心灵之窗，换个角度看待生活、看待事物，不要因为一次挫折就自暴自弃，止步不前。我们所有的改变都是为了以后能有更好的发展。记住这句话吧，如果你改变不了环境，就改变你自己！

做自己的事，不要在乎他人的看法

命运在自己手中，路在自己脚下，何必让别人左右自己？正确的事就要坚持做下去。

人类最大的迷信，就是相信别人，而不是相信自己。有些人丢弃了自己的意愿，像是活在别人的标准里，在别人的评判里找寻自我的价值。这样的人，别人的一句诋毁足以泯灭他所有的信心，因为他太在意别人对自己的看法。"走自己的路，让别人去说吧。"这是意大利文艺复兴时期伟大诗人但丁说过的一句话，也是我们在生活中需要遵循的一条原则。为别人的看法改变自己是一件愚蠢的事，相反，坚持自己所坚持的，相信自己所相信的，才是一个人人格完整的体现。

太在乎别人的看法是对自己没有信心的表现，没有信心怎样才能够取得成功呢？所以，相信自己就是成功的前提。希腊有一句名言：经常问路的人，容易迷失方向。所以，凡是成功者从不模仿别人。他们也不为大多数人的意见所左右，他们独自思考和创造。他们常常自己制订计划并付诸实施。如果一直受别人的看法所左右，在面对机会时就会摇摆不定，于是，时不待人，机不再来，也许你将会因此而失败。待到这时，你才会悔不当初，为自己不能坚持己见而生气，气自己为什么会如此轻易地让别人的看法所左右。要想取得成功，就不要太在乎别人的看法。只有我行我素，不为别人的目光违背自己的心意，尊重自己生活的行为方式，做你真正想做的事，做想做的人，不再在乎别人的看法，才会达到快乐自在的人生状态，才能把握住机遇，登上成功的阶梯。

走自己的路，让别人去说吧！

从前，一个老翁和一个孩子用驴驮着货物上街去卖。货物卖完后，孩子骑着驴回来，老翁跟着走。路上遇到两个妇女，她们说："这个孩子太不像话，自己年纪轻轻骑着驴，却让一个老人在地上跑。"老爷爷连忙叫孙子下来，自己骑上去。又走了不远，一个孩子看见了，很生气地说："没见过这样的爷爷，自己骑驴，让孙子跟在他后边跑。"于是老人把孙子也抱上了驴，迎面走来一个中年人。他自言自语地说："两个人骑一头小驴，快把驴压死了！"两人听了，又一起下来，老翁和孙子一同走。他们来到北村，几个种菜的看见了，说："有驴不骑，多笨哪！"老爷爷摸摸脑袋，看看孙子，不知道该怎么做才好。最后，爷孙俩找了一根大木棒，把驴的四脚绑起来，吭哧吭哧抬到了家里。

人言可畏，人言更需要鉴别。做人、做事都要充分相信自己，不要因为别人的议论而轻易怀疑自己、否定自己，别人的意见只能作为参考，每个人的话都听，我们将无所适从。就拿前面的寓言来说，那位老翁和孩子最后弄得左右不是，显然是受人议论的影响，但根本原因还是自己太无主见。看问题的角度有所不同，出来的结果就有差异。爷孙俩做出任何选择，在有些人的眼中都是错的，做也错，不做也错。其实，只要自己认为是对的、效果是好的、过程是开心的、结果是满意的，我们根本没必要太在意别人的看法。最了解自己的人还是自己，旁人看到的只是一个片段或表象，没有一个人能完全了解别人，旁人仅仅是根据自己所见的有限的状况，说出自己的意见而已。如果我们太在意的话，只会破坏自己的心情，影响自己的决定。到头来，在别人心目中，所做的还是错的。

我们每个人都在追求成功。但是，如果一味地否定自己、怀疑自己、放弃自己，就只能永远跟在别人的评论后面，而自己毫无主见。只有充满自信地活出自我，保持自我的本色，才能在生命的管弦乐中演奏好自己的乐曲，才能实现生命的成功。一个人不能永远活在别人的评价当中，像变色龙一样，跟着别人的看法不断地改变自己，让别人左右自己的人生与思想，那样只能在生活中渐渐地迷失自己。只有相信自己，靠自己才能撑起头顶的一片天。相信自己能行，你一定能行。事情往往就是这样，如果连你自己都不相信自己，那又怎么会成功呢？只有充满自信的人生，才是充实的人生，才是成功的人生，你才能获得比梦想还要多的成就。任何时候都要相信自己，因为只有这样，你才能征服世界！所以，做自己的事吧，不要太在乎别人的看法。成功需要自信，相信自己，秀出自我！

现实中有两种人：成功者和失败者。成功者有着无比的自信，听从自己的意愿，果敢而有魄力。失败者却是每走一步都面临着一个岔口，一条是别人提供的，一条是自己选择的。但是，他们往往在犹豫之后选择前者，因为，他太在乎别人的看法，而不相信自己的判断。但是，别人的路终究不是自己熟知的，于是一路荆棘，一路伤痕。而后对自己更没有自信，再选择时还是同样的结果。这就形成了一个恶性循环。如果不能走出这一个怪圈，便将永远无法成功。所以，在做事时，最重要的是要相信自己，不要太在乎别人的看法。

古希腊人曾经在阿波罗神庙的石柱上刻下"认识自己"的字样作为神灵的谕示，就是提醒世人认清自我，审视自我，避免自己在别人的眼光中迷失。相信自己，就是对我们自身价值的肯定，自身素质的认可，也是人格魅力的最直接体现，更是做任何事情取得成功的前提。生活中，每做一件事，都会有别人否定的声音，如果一味在这上面犹豫，害怕说错话、办错事，结果工作上缩手缩脚、底气不足，既失去了展现自己才华的机会，也会与成功失之交臂。那么，到时也是悔之晚矣。

当然，我们说要相信自己，并不是不切实际地夸大自己的力量，而是站在事实的基础上相信自己，一切来源于现实，而又高于事实地相信自己，那才是正确地相信自己，否则就是盲目地相信自己。相信自己，首先必须不断地充实自己、提高自己。俗话讲"艺高人胆大"、"有了金刚钻，才敢揽瓷器活"。没有能力、学识做基础，"相信"也只能是一句空话、套话，收获也只能是"悔之晚矣"。我们要不断地提高和完善自己才能获得成功，这也就是所谓的"有付出才有收获”。

但是，相信自己，也并不是要你完全排除别人的意见与看法，凡事必须有一个度，只要将其控制在适当的范围内，就能起到积极的作用。所以，在某些时候，听取别人的意见与看法也是很有必要的。但“听取别人的意见”不是一味地盲从，不加选择地听取，听取别人的意见也不是人云亦云，而是择其善者从之，其不善者而改之。一切的主动权在你手上，你可以想想他们的想法对你是否有帮助，如果有，不是正好给你一个提醒吗？如果你觉得他们的想法不可理喻，那就笑着对自己说："还是我最好！"由此可见：相信自己与听取别人的意见并不是相互矛盾的，而是辩证统一的。

命运把握在自己手中，路走在自己脚下，何必让别人左右自己呢？天生我材必有用，做自己命运的主宰者，相信自己，把握机遇，人人都有机会成功！生活告诉我们不要在意别人的想法或者说法。只要我们问心无愧，无悔于人生，就应大胆地走下去。失败与成功，往往就在这转瞬之间。相信你自己，相信自己的选择，做了选择就不要顾忌闲言碎语，那些都不能给我们需要的东西！

第二章 面对不公，赌气于事无补

　　我们应当做自己情绪的主人，培养自己愉快的心情，调节好自己的情绪，提高适应环境的能力，保持良好的精神状态。

境由心生，顺其自然

三伏天，禅院的草地枯黄了一大片。

"快撒点草籽吧！好难看呐！"小和尚说。

"等天凉了。"师父挥挥手，"随时！"

中秋，师父买了一包草籽，叫小和尚去播种。

秋风起，草籽边撒、边飘。

"不好了！好多种子都被风吹飞了。"小和尚喊。

"没关系，吹走的多半是空的，撒下去也发不了芽。"师父说，"随性！"

撒完种子，跟着就飞来几只小鸟啄食。

"要命了！种子都被鸟吃了！"小和尚急得跳脚。

"没关系！种子多，吃不完！"师父说，"随遇！"

半夜一阵骤雨，小和尚早晨冲进禅房："师父！这下真完了！好多草籽被雨冲走了！"

"冲到哪儿，就在哪儿发芽！"师父说，"随缘！"

一个星期过去。

原本光秃秃的地面，居然长出许多青翠的草苗。一些原来没播种的角落，也泛出了绿意。

小和尚高兴得直拍手。

师父点头："随喜！"

太过执着，犹如握得僵紧顽固的拳头，失去了松懈的自在和超脱。

生命是一种缘，是一种必然与偶然互为表里的机缘。有时候命运偏偏喜欢与人作对，你越是挖空心思去追逐一些东西，越是不让你如愿以偿。这时候，痴愚的人往往不能自拔，好像脑子里缠了一团毛线，越想越乱，陷入自己挖的坑里。而明智的人明白知足常乐的道理，他们会顺其自然，不去强求不属于自己的东西。

顺其自然，绝非被动人生，不是在生活的海边临渊羡鱼，不是在命运的森林里守株待兔，而是洞悉人生、承受一切命运际遇的大智慧；顺其自然，是对生命的善待与珍爱，是对人生的喝彩和礼赞。

据说迪士尼乐园建成时，总经理迈克尔先生为园中道路的布局大伤脑筋，所有征集来的设计方案都不尽如人意。迈克尔先生无计可施，一气之下便命人把空地都植上草坪后就开始营业了。几个星期过后，当迈克尔先生出国考察回来时，看到园中几条蜿蜒曲折的小径和所有游乐景点有机地结合在一起时，不觉大喜过望。他忙喊来负责此项工作的戈尼，询问这个设计方案是出自哪位建筑大师的手笔。戈尼听后哈哈笑道："哪来的大师呀，这些小径都是被游人踩出来的！"

生命中的许多东西是不可以强求的，那些刻意强求的东西或许我们终生都得不到，而我们不曾期待的灿烂往往会在我们的淡泊从容中不期而至。我们常想悟出真理，却反而因为这种执着而迷惑、困扰。只要恢复直率之心，彻底地顺从自然，道理就随手可得了。

如果我们学会了顺其自然，也许我们会有意想不到的收获，就像下面故事里的樵夫一样。

有位樵夫生性愚钝，有一天上山砍柴，看见一只从未见过的动物。在好奇心的驱使下，他走上前去问道："你是谁呀？"那动物说："我叫'领悟'。"樵夫心想：我现在不是正好缺少"领悟"吗？干脆把它捉回去得了！这时，"领悟"对樵夫说道："你现在想捉我吗？"樵夫吓了一跳：我心里想的事它怎么知道？这样吧，我不妨装作一副不在意的样子，然后趁它不注意时捉住它！"领悟"又对他说："你现在又想假装成不在意的模样来骗我，等我不注意时把我捉住。"樵夫的心事都被"领悟"看穿，所以就很生气：真是可恶！为什么它都能知道我在想什么呢？谁知，这种想法马上又被"领悟"发现。它又开口："你因为没有捉到我而生气吧！"于是，樵夫从内心检讨：我心中所想的事，好像反映在镜子里一般，完全被"领悟"看清。我应该把它忘记，专心砍柴，我本来就是为了砍柴才来到山上的，实在不应该有太多的欲望。想到这里，樵夫挥起斧头，用心地砍柴。一不小心，斧头掉下来，意外地压在"领悟"上面，"领悟"立刻被樵夫捉住了。

当问题发生时，你看到的只是表面的结果；问题为什么会发生，这才是你真正应该探究的原因。而对于一些让你想不开的问题，只要用好的心态去对待，才会找出根源，你也等于找出了答案。

业务员小周有一个令他十分头疼的客户，这个客户专爱拖账，而且往往一拖就是好几个月。

为了这个客户，小周不知道让经理给数落了多少次。其实，并不是他不积极去催账，只是这家公司老板老谋深算，只要秘书一听见电话那头传来小周的声音，便会马上接着说："我们老板不在。"然后，"喀嚓"一声挂断了电话，叫小周向谁开口要钱呢？

若是直接跑到客户的公司门口，柜台小姐一看到他，便一定会中气十足地扯着嗓子喊道："真是不巧，我们老板今天不在！"

做生意做得这么痛苦，小周不是没想过干脆不要和这家公司打交道，只是市道冷清，如果放掉这只大鱼，可能会连鱼干都吃不到！为了长期的利润着想，小周只好硬着头皮，一次又一次地上门去碰钉子。

终于有一天，小周想出了一个对症下药的办法。他匆匆忙忙地来到客户的公司。照例，在门口就吃了柜台小姐的闭门羹，她大声地喊道："我们老板不在，请你先回去，等老板回来我再请他打电话给你。"

小周只好点了点头，转身走向门口。临出门前，像是忽然记起了什么，他走回柜台，从公文包里掏出一封信交给柜台小姐："要是老板回来了，麻烦把这封信转交给他。"

说完，小周就急忙离去。

过了一会儿，又看到小周气喘如牛地走回来，上气不接下气地对柜台小姐说："很对不起，刚才的信给错了，请还给我。这封信才是给老板的。"

柜台小姐走到办公室里拿了那封信出来交还给小周。

小周瞄了信封一眼，发现信封已经有被拆开过的痕迹，兴奋地说："太好了！老板已经回来了，请带我去见他。"

就这样，小周顺利地见着了老板，拿到了货款。在把货款放进公文包的同时，他看了看皮包里那封被拆开的信，信封上写着："内有现金，请亲启。"

小周脸上浮现了得意的笑容。

小周的问题是什么？他有一个贪心的客户，因为贪心，所以拖账，如果想要成功地收回账款，小周必须先从人性的贪婪面着手。

任何问题的答案，都隐藏在问题之中。没有人可以处理一个自己不知道是什么问题的问题，解决问题的第一步就是深入了解。

如果对方是一个贪心的人，你就必须诱之以利；如果问题只是来自于误解，你便可以釜底抽薪。

当你了解了问题的症结在哪里，你便可以得知该从哪里下手。世界上没有解决不了的问题，有的只是你不了解的问题。

没有沟通不了的事

世界上没有完全相同的两片树叶，也没有完全相同的两种意识，人和人不同的思想意识构成了纷繁美丽的世界。同时，也正是由于阵线不同，团体与团体之间，人和人之间，不可能永远保持一致，难免会出现意见相左，会出现误会与争执，但关键在于你怎样去解决这些问题。

争执大多始于日常生活中鸡毛蒜皮的小事，一句笑话，一个脸色，一篇文章，一封书信，一道传闻，一件用具等等都可以成为产生误会的原因。

有些争执初时不深，若未及时消除，可能会随着时间的加长而裂痕愈益增大，误会愈益加深。有的因误会加深而成为仇敌。

人生在世，精神的愉快胜过一切，而和谐美好的人际关系无疑是构成心情愉快的重要因素；由于各种原因，有些人际关系是无法达到和谐的。但是误会则使本可以做到和谐或本来是和谐的关系，只因理解和认识的误会而形成人际关系中的遗憾。所以说，它比直接的、不良的人际关系更多一层痛苦。它是对美好关系的破坏。这种破坏并非主观的、有意识的、故意的，而只是因为互相的隔膜、意识的不可通性、感情的客观障碍所致。

争执既已形成，不论是你遭到了误解或你可能正在误解别人，唯有互相疏通才能达到理解，使误会消除。

通常，人际关系中容易产生争执的是这样一些人：交谈交往极少者，互不了解个性者，性格内向者，个性特别者，自视清高者，狂妄傲慢者，神经过敏者，常信口开河者，爱挑剔小节者等。

与上述这些人交往，不论是初次的或多次的，你都要注意你的言行是否容易产生歧义，是否可能遭到误解。或者你是否对他存有偏见和误会。

任何人都有他独立经营着的那一片小小的天地，形成他之所思、他之所言、他之所行，形成他自己的特色，或呈开放张扬的状态，可以随时接纳所有的人，或呈封闭压抑的状态，这是不好交际、不善交际、不易交际的人。与人交往首先得启开那扇封闭的门，待你走进去后才能发现其真正地思想。否则，你只能在门外与之交往，这时，各种各样的误会都可能产生。

我们都知道，林黛玉是个特别难打交道的人，随便一句话中的一个用词不妥都有可能得罪她，她发脾气，你还不知道所为何事。生活中这样的女性并非罕见。

如果你已经自觉意识到遭到了误解，最简便直接的办法当然是直接与误解你的人解释交流，推心置腹，真诚相见，不要搁在胸中，更不要犹豫猜忌。你可以借一次家宴、一场舞会、一次公关活动、一次约会或一个电话互诉衷肠，以你心换他心，以他心换你心。疙瘩解开，冰消雪融，重归于好。

可能你和对方没有这种直接交流的机会，或者你觉得直接解释交流的方式有些难为情，那么你可以用书信的方式，详尽地阐明自己，也许可以化干戈为玉帛。

如果对方对你误解太深，已经对你形成偏见，乃至于把你视同仇敌，那么，消除误解当然要困难许多。一是要有恰当的方式，二是要有一定的时间。你首先可以通过间接的方式，动用和对方亲近的人，让他在你们中间做桥梁、做媒介，把对方的怨气和意见，把你的诚意、你的本心都通过这位中间人在双方间予以传达疏导。传达疏导到一定时机，你们就可以发展到直接解释交流了。

天下没有解不开的疙瘩，没有打不破的坚冰，没有过不去的火焰山。

当你受到误解的时候，误不在你而在于对方，但你对对方之误却能够宽容大度不予计较，反倒主动地想法去消除对方之误，此为君子度量。

当你受到误解的时候，如果你对对方之误厌恶憎恨，压根儿不想去消除它，更不愿主动去做疏通工作，以为那样做是降低了身份，丢了自己的面子，损伤了人格，此为小人之心。

圣人说："受国之垢，是谓社稷主。"——承担全国的屈辱，才算得上是国家的君主。如果你在小小的人际关系圈内也受不得丝毫委屈，吃不得半点亏，头低不下一毫，话多不得半句，那你就该茕茕孑立、形影相吊度日了。

避免争执的另一重要建议是回避顶撞或辩论。当你将要陷入顶撞式的辩论漩涡里的时候，最好的办法就是绕开漩涡，避免争论。你不可能指望仅仅以摇唇鼓舌的口头之争来改变对方已有的思想和成见。把细枝末节的小事当作天大的原则问题来加以辩论，是因为我们坚持成见的缘故。只要你争胜好斗，喋喋不休，坚持争论到最后一句话，就可以体验到辩论的"胜利"，可是，这种胜利不过是廉价的、空洞的虚荣心的产物，它的结果只会引发对方怨恨的加剧。

谁能够克服喜好争论的弱点，谁就能在社交中获得成功。

在争论中可能你有理，也可能以雄辩取胜，但想凭此改变别人的主意，你就大错特错了。

日常工作中容易发生争执，有时搞得不欢而散甚至使双方结下芥蒂。人是有记忆的，发生了冲突或争吵之后，无论怎样妥善地处理与总会在心理与感情上蒙上一层阴影，为日后的相处带来障碍。最好的办法，还是尽量避免它。

我们常用这么一句话来排解争吵者之间的过激情绪：有话好好说。这是很有道理的。争吵者往往犯三个错误：第一，没有明确而清楚地说明自己的想法，话语含糊，不坦白；第二，措辞激烈、专断，没有商量余地；第三，不愿意以尊重态度聆听对方的意见。有一个调查说明，在承认自己容易与人争吵的人中，绝大多数说自己个性太强，也就是不善于克制自己。

同事之间有了不同的看法，最好以商量的口气提出自己的意见和建议，语言得体是十分重要的。应该尽量避免用"你从来不怎么样……""你总是弄不好……""你根本不懂"之类的语言，这必然会引起对方反感。即使是对错误的意见或事情提出看法，也切忌嘲笑。幽默的语言能使人在笑声中思考，而嘲笑他人则包含着恶意，这是很伤人的。真诚、坦白地说明自己的想法和要求，让人觉得你是希望合作而不是在挑人的毛病，同时，要学会听，耐心、留神听对方的意见，从中发现合理的成分并及时给予赞扬。这不仅能使对方产生积极的心理反应，也给自己带来思考的机会。如果双方个性修养、思想水平及文化修养都比较高的话，做到这些并非难事。

如果遇到一位不合作的人，你就要冷静，不要让自己也成为一个不能合作的人。宽容忍让可能一时让你觉得委屈，但这也能表现你的修养，也能使对方在你的冷静态度面前平静下来。当时不能取得一致的意见，不妨把事情搁一搁，认真考虑之后，或许大家能共同找到解决问题的好办法。

善于理解、体谅别人在特殊情况下的心理、情绪是一种较高的修养。有的人生性敏感，有的人恰恰遇到不顺心的事没处发泄怒气，也许对方正生病，这些都可能是造成态度、情绪反常或过激的原因。对此予以充分谅解，会得到相应的回报。

心胸开阔是非常重要的，谁能没有言谈上的失误和过错？对于别人无意间造成的过错应充分谅解，不必计较无关大局的小事情。法国有一句格言说过："两个都不原谅对方细小过错的人不可能成为老朋友。"如果以老朋友的态度进行合作，许多冲突是可以避免的。

往事难追，后悔无益

令人后悔的事情，在生活中经常出现。许多事情做了后悔，不做也后悔；许多人遇到要后悔，错过了更后悔；许多话说出来后悔，说不出来也后悔……人的遗憾与后悔情绪仿佛是与生俱来的，正像苦难伴随生命的始终一样，遗憾与悔恨也与生命同在。

人生一世，花开一季，谁都想让此生了无遗憾，谁都想让自己所做的每一件事都永远正确，从而达到自己预期的目的。可这只能是一种美好的幻想。人不可能不做错事，不可能不走弯路。做了错事，走了弯路之后，有后悔情绪是很正常的，这是一种自我反省，是自我解剖与抛弃的前奏曲，正因为有了这种"积极的后悔"，我们才会在以后的人生之路上走得更好、更稳。

但是，如果你纠缠住后悔不放，或羞愧万分，一蹶不振；或自惭形秽，自暴自弃，那么你的这种做法就真正是蠢人之举了。

古希腊诗人荷马曾说过："过去的事已经过去，过去的事无法挽回。"的确，昨日的阳光再美，也移不到今日的画册。我们又为什么不好好把握现在，珍惜此时此刻的拥有呢？为什么要把大好的时光浪费在对过去的悔恨之中呢？

覆水难收，往事难追，后悔无益。

据说一位很有名气的心理学老师，一天给学生上课时拿出一只十分精美的咖啡杯，当学生们正在赞美这只杯子的独特造型时，教师故意装出失手的样子，咖啡杯掉在水泥地上成了碎片，这时学生中不断发出了惋惜声。可是这种惋惜也无法使咖啡杯再恢复原形。今后在你们生活中如果发生了无可挽回的事时，请记住这破碎的咖啡杯。

破碎的咖啡杯，恰恰使我们懂得了：过去的已经过去，不要为打翻的牛奶而哭泣！生活不可能重复过去的岁月，光阴如箭，来不及后悔。生活的其中一份养料，便是从过去的错误中吸取教训，在以后的生活中不要重蹈覆辙，要知道"往者不可谏，来者犹可追"。

错过了就别后悔。后悔不能改变现实，只会消弭未来的美好，给未来的生活增添阴影。最后，让我们牢记卡耐基的话吧：要是我们得不到我们希望的东西，最好不要让忧虑和悔恨来苦恼我们的生活。且让我们原谅自己，学得豁达一点。

尽管忘记过去是十分痛苦的事情，但事实上，过去的毕竟已经过去，过去的不会再发生，你不能让时间倒转。无论何时，只要你因为过去发生的事情而损害了目前存在的意义，你就是在无意义地损害你自己。超越过去的第一步是不要留恋过去，不要让过去损害现在，包括改变对现在所持的态度。

如果你决定把现在全部用于回忆过去、懊悔过去的机会或留恋往日的美好时光，不顾时不再来的事实，希望重温旧梦，你就会不断地扼杀现在。因此，我们强调要学会适当地放弃过去。

当然，放弃过去并不意味着放弃你的记忆，或要你忘掉你曾领悟过的人生哲理，这些道理会使你更幸福、更有效地活在当下。

面对亲人的逝去，你痛苦难言，但是生死乃是自然法则，任何人也不能超越这一法则。你应当克制自己的痛苦，不要想不开，但也不要压抑悲痛，因为压抑有损心理健康。虽然有时这并不容易做到，如果你一味沉浸于过去的辉煌或是阴影之中，不把自己解脱出来，不回到现实生活中，你就有永远生活在过去的危险，会产生一种强烈的自我挫败的情绪。

控制住愤怒的情绪

愤怒，多么不可捉摸的力量！

在平日里，让你生气的可能大多都在一些小事上。

我们常常看到这样一些现象：人多拥挤的公交车辆上，乘客之间由于无意碰撞而引起争吵，双方闹得脸红脖子粗；学校里同学之间为一些鸡毛蒜皮的小事如不小心碰落了别人的铅笔盒之类而出言不逊，大动肝火，怒气冲冲；邻里之间为了一些小纠纷而各不相让，争吵辱骂，没完没了。这些都是无原则的冲突，不必要的感情冲动，毫无意义的犯颜动怒，是无益之怒。

怒，是"喜、怒、忧、思、悲、恐、惊"七情之一。人与人之间由于性格、修养、思维方式、生活方式等不尽相同，发生某些摩擦或冲突是难免的，愤怒情绪的出现也可以理解。然而，若是经常愤怒，或是愤怒一触即发，往往会使人的身心健康受到损害。《内经》说："百病生于气也……怒则气上，则伤脏；脏伤、则病起。"近代科学研究证明：暴怒能击溃人体生物化学保护机制，使人抵抗力下降，而为疾病所侵袭。怒气犹如人体中的一枚定时炸弹，随时都可酿成大祸。"怒从心上起，恶向胆边生"，就是这个道理。

发怒会使人远离真理。世界上很少有因为愤怒就使问题和矛盾获得解决的；相反，常常因为愤怒把事情搞僵了，搞糟了。愤怒时，极而言之，极而行之，没了后退之路，没了回旋余地。本来有理，反而变成了没理；本来小事，结果闹成了大事，甚至不可收拾，过后，悔之晚矣。《三国演义》中的张飞怒责部下，结果被范疆、张达切了脑袋；刘备怒气难抑，率兵亲征，又被东吴火烧连营。第四次中东战争中，以色列190装甲旅旅长阿萨夫·亚古里与埃军第二步兵师先头部队遭遇时，因三次进攻均未成功，便恼羞成怒，把剩余的85辆坦克孤注一掷，结果中计惨败。诸如此类，举不胜举。俄国大文豪屠格涅夫曾劝告与人争吵、情绪激动的人："在开口之前，先把舌头在嘴里转十圈。"因为愤怒是射向健康的一支利箭，它不一定能伤害你的敌人，却时时会侵蚀你自己的健康。

《孙子兵法·火攻篇》中指出："主不可以怒而兴师，将不可以愠而致战。"这虽然强调的是临敌制怒，但对生活中的人们同样富有启发。清朝林则徐官至两广总督，一次，他在处理公务时，盛怒之下把一只茶杯摔得粉碎。当他抬起头，看到自己的座右铭"制怒"二字，意识到自己的老毛病又犯了，立即谢绝了仆人的代劳，自己动手打扫摔碎的茶杯，表示悔过。与人相处，不分是非曲直、动辄发火，是一种远离文明的表现。易怒之人，应像林则徐那样，潜心修养，注意"制怒"，心平气和，以理服人，不可放纵心头无名之火，像火柴头似的一擦就着，触物即烧。

"制怒"真言，谁都应该置为座右铭。

制怒并不是一件容易的事，它是一个人以理智战胜感情冲动的过程。善于制怒不仅需要有"忍人所不能忍"的宽广胸怀和以大局为重的精神境界，而且还需要有强烈的自我控制意识。要"制怒"，首先要努力陶冶自己的性情，不断提高自己的修养，理智地将"愤怒"这个"情绪炸弹"扔掉。

制怒的最好法门是忍，是宽容。自觉地忍，理智地让，不是退缩，不是无能，不是放弃原则，而是一种策略，一种智慧，一种境界。只有洞察世事，心灵清澈，对是非、矛盾有清醒认识的人，才会在被激怒的时候做到真正自觉地忍，真正心平气和地面对生活、工作中的各种矛盾和挑战。具有忍的智慧，达到忍的境界，当然需要修炼，而生活的正面经验和负面教训则是这种修炼的燧石。

退一步海阔天空。宽容，正好说明你的涵养，你的心胸博大，你的内在力量。

一个不会愤怒的人是庸人，一个只会愤怒的人是蠢人，一个能够控制自己情绪、做到尽量不发怒的人是聪明人。聪明人的聪明之处，是善于运用理智，将情绪引入正确的表现渠道，使自己按理智的原则控制情绪，用理智驾驭情感。以平和的态度来摆事实、讲道理，要比大喊大叫更能让对方心服口服；而宽恕和谅解有时比伤害、侮辱更能震撼人心。只要我们肯下功夫学会制怒的正确方法，他人肯定会对我们的道德、修养以及理智、大度出自内心地佩服。那时，我们自会达到"风平而后浪静，浪静而后水清，水清而后游鱼可数"的全新境界。

心若改变，你的态度跟着改变；态度改变，你的习惯跟着改变；习惯改变，你的性格跟着改变；性格改变，你的人生跟着改变。在顺境中感恩，在逆境中依旧心存喜乐，远离愤怒，认真、快乐地生活，怀大爱心，做小事情。

一定要学会克制自己

几个女同事聚在一起吃午餐，聊着聊着，就开始批评起这个部门的主管不好，那个部门的主管看起来色眯眯的；连董事长的儿子、女婿也难逃一劫，一个一个被拿出来评头论足一番。

几个女人七嘴八舌的，东一句西一句，越说越起劲。她们炮火隆隆，比起美伊战争有过之而无不及。

正当她们聊到精彩部分时，看到行政部门的小刘拿着便当走过来，就热情地叫他过来一起用餐。多了位听众，女人聊闲话的功力更是发挥到极致。一位陈小姐正在批评刚上任的男经理，她悻悻然地说："哼！什么都不懂，还老是摆个臭架子，依我看，我们小刘都比他强多了。小刘！你说是不是啊？"

小刘正低着头吃饭，无端端被卷入这场战局里，为了阻止这个话题继续，小刘忽然抬起头来，望望四周，神秘兮兮地说："但是，我听经理说过他非常欣赏你，还想约你出去看电影，到底他约了没？约了没？"

大家听了，原本一肚子的话顿时卡在喉咙里，众人眼光不约而同地集中在陈小姐泛红的脸上。这下子，陈小姐可成了八卦新闻的最佳女主角。

其实，新上任的经理，人才和品德都出类拔萃，暗恋他的人数不胜数，哪里会去喜欢一个成天在背地里说人是非、唯恐天下不乱的女人？这只不过是小刘为了耳根清净，虚晃一招罢了。

小刘的这招还真管用，接下来的时间里，大家低着头默默无语，几个狐疑的目光轮流在陈小姐脸上打转。说人者人恒说之，陈小姐终于尝到被人在背后论长论短的滋味了。

当八卦制造机成为八卦中的主角，这台机器的运转功能一定会大大削减。的确，说别人那些无关痛痒的是非，可以有效地促进同事间的情谊，为平淡的工作增添一些色彩，但这种行为是把自己的快乐建立在别人的痛苦上啊。

不实的谣言，不管你再怎么强调你也只是"听说"，不管你之后如何道歉补救，只要有一个人相信，伤害就已经造成。将心比心，换成你是当事人，你作何感受？

"根据可靠的消息指出，这个世界上根本就没有可靠的消息。"一位幽默作家这么写着。谣言止于智者，但愿你与我都能够有这样的智慧。

对智者固然要称道，对愚者也不应嘲笑，至于对诽谤的最好回答，就是无言的蔑视。

但是，细想想，当我们操刀他人的流言蜚语时，我们又是否真正的静下心来思考自身的问题呢？

我们不得不承认：任何粗鲁行为都只能在一定条件、一定范围内才被人们所容忍。当你的粗鲁与你所处地位不相符时，人们就会对你进行攻击。因此，从另一种角度来说，最终的责任都在你自己身上。

因此，如果自己过去的教养太差，现在社会地位上升了，就应该加强修养，以完成角色的转变。如果一个人没有自我修养的品质，即使他具备其他一切成功者的素质条件，也是毫无价值的。可是巴顿不明白这一点。

1943年7月，在巴顿晋升为上将之际，有士兵检举了轰动舆论界的巴顿打人事件。

"巴顿走到另一病号前，他问道：'你有什么病？'病号开始抽泣，'我的神经不好。'巴顿又问，'你说什么？'答曰，'我的神经不好，我听不得炮声。'

"将军大吼，'去你的神经，你是个胆小鬼，你是狗娘养的。'然后他给了他一个耳光，并说，'不许这龟儿子哭泣，我不允许一个王八蛋在我们这些勇敢战士面前抽泣。'他又一次揍了那病号，把病号的军帽丢至门外。同时又大声对医务人员说，'你们以后不能接收这些龟儿子，他们一点事也没有，我不允许这种没有半点汉子气的王八蛋在医院内占位置。'

"他再次回头对病号吼道，'你必须到前线去，你可能被打死，但你必须上前线。如果你不去，我就命令行刑队把你毙了。说实在的，我本该现在就亲手把你毙了。'"

这个消息很快被揭发，于是引起了美国国内的极大反应。好些母亲要求撤巴顿的职，有一个人权团体还要求对巴顿进行军法审判。尽管后来马歇尔从大局出发，决定化大事为小事，化小事为无事，但打骂士兵使巴顿声名狼藉。这种轻率、浮躁的作风，以及政治上的偏见为他埋下了战后被撤职的祸根。

我们对人不满意的时候会生气，别人对不住我们的事情，我们会忌恨。是别人真的有对不住我们的地方吗？没有。我们只是把别人的过错拿来惩罚自己，我们把别人的过错拿来折磨自己，所以我们才怨恨。这是一种聪明还是一种笨呢？我们天天都在做这种笨事。一个人真生气的时候，医生检验，他血里是有毒的。你生气一次，你就身体里头中毒一次，我们天天就这么折磨自己？

我们一定要克制自己，修养的一个要则就是自我约束。这个要则并非组织纪律，而是自觉追求。这种自觉，需要极大的克制力。在很多情形下，思想稍一放松，就会产生动摇。别人议论你过失的时候，能不能仍然坚持不在背后谈论别人的过失？别人对你产生误解，甚至恶语相向的时候，还能不能善待对方？别人在挥霍浪费的时候，能不能艰苦朴素？自觉者的可贵，就在于他们具有一种清清楚楚的是非观念，知道哪些是应该做的，哪些是不应该做的；哪些是可以做的，哪些是不可以做的。

即使失意也不可失志

人生的航船，并非一帆风顺，有风平浪静，也有大浪滔天。风平浪静时，不喜形于色；风吹浪打时，不悲观失望，我自岿然不动。只有这样，人生的大船，才能顺利地驶向成功的彼岸。

人有悲欢离合，月有阴晴圆缺。情场失意、亲人反目、工作不如意……这些事情总会不经意间困扰我们，使我们情绪跌至低谷。人生得意须尽欢，而人生失意也不能停下脚步，应该积极进取。条条大路通罗马，此路不通，不妨换条路试试，来个情场失意工作补。处在人生的低谷，悲观、痛苦、怨天尤人都没有用，只会让自己越陷越深。越是逆境，我们越应该积极地去面对。

莎士比亚曾说：假使我们自己将自己比作泥土，那就真要成为别人践踏的东西了。其实，别人认为你是哪一种人并不重要，重要的是你是否肯定自己；别人如何打败你不是重点，重点是你是否在别人打败你之前就先输给了自己。很多人失败，通常是输给自己，而不是输给别人。因为自己如果不做自己的敌人，世界上就没有敌人。

以下是一个真实的故事——

美国从事个性分析的专家罗伯特·菲力浦有一次在办公室接待了一个因企业倒闭而负债累累的流浪者。罗伯特从头到脚打量眼前的人：茫然的眼神、密集的皱纹、十来天未刮的胡须以及沮丧的神态。专家罗伯特想了想，说："虽然我没有办法帮助你，但如果你愿意的话，我可以介绍你去见本大楼的一个人，他可以帮助你赚回你所损失的钱，并且协助你东山再起。"

罗伯特刚说完，他立刻跳了起来，抓住罗伯特的手，说道："看在老天爷的份上，请带我去见这个人。"

罗伯特带他站在一块看来像是挂在门口的窗帘布之前。然后把窗帘布拉开，露出一面高大的镜子，他可以从镜子里看到他的全身。罗伯特指着镜子说："就是这个人。在这世界上，只有这个人能够使你东山再起，你觉得你失败了，是因为输给了外部环境或者别人了吗？不，你只是输给了自己。"

他朝着镜子走了几步，用手摸摸他长满胡须的脸孔，对着镜子里的人从头到脚打量了几分钟，然后后退几步，低下头，哭泣起来。

几天后，罗伯特在街上碰到了这个人，而他不再是一个流浪汉形象，他西装革履，步伐轻快有力，头抬得高高的，原来那种衰老、不安、沮丧的姿态已经消失不见。

后来，那个人真的东山再起，成为芝加哥的富翁。

一支小分队在一次行军中，突然遭到敌人的袭击，混战中，有两位战士冲出了敌人的包围圈，结果却发现进入了沙漠中。走至半途，水喝完了，受伤的战士体力不支，需要休息。

于是，同伴把枪递给中暑者，再三吩咐："枪里还有五颗子弹，我走后，每隔一小时你就对空中鸣放一枪。枪声会指引我前来与你会合。"说完，同伴满怀信心找水去了。躺在沙漠中的战士却满腹狐疑：同伴能找到水吗？能听到枪声吗？会不会丢下自己这个"包袱"独自离去？

日暮降临的时候，枪里只剩下一颗子弹，而同伴还没有回来。受伤的战士确信同伴早已离去，自己只能等待死亡。想象中，沙漠里秃鹰飞来，狠狠地啄瞎了他的眼睛、啄食他的身体……结果，他彻底崩溃了，把最后一颗子弹送进了自己的太阳穴。枪声响过不久，同伴提着满壶清水，领着一队骆驼商旅赶来，找到了一具尚有余温的尸体……

那位战士冲出了敌人的枪林弹雨，却死在了自己的枪口下，让人扼腕叹息之余也给大家敲响了警钟：我们奋斗在人生的旅程中，与天斗、与人斗，我们不轻易服输，相信只要自己努力就没有什么战胜不了的。然而很多时候，面对恶劣的环境，面对天灾人祸，面对尔虞我诈，是我们在心理上先否定了自己，是我们自己选择了放弃，选择了失败。

在生命旅途艰难跋涉的过程中我们一定要坚守一个信念：可以输给别人，但不能输给自己。因为打败你的不是外部环境，而是你自己。失意不失志，生活永远充满希望，很多事情都可能重新再来，我们实在没有理由在悲伤中任时光匆匆飞逝。

积蓄于生活的低谷

人生如海，潮起潮落，既有春风得意马蹄萧萧、高潮迭起的快乐，又有万念俱灰、惆怅莫名的凄苦。

如果把人生的旅途描绘成图，那一定是高低起伏的曲线，比呆板的直线丰富多了。

"人生得意须尽欢，莫使金樽空对月"。当你快乐时，你不妨尽情地享受着快乐，珍惜你所拥有的一切。而当生活的痛苦和不幸降临到你身上时，你也不要怨叹、悲泣。

常见许多人处于生命低谷时一味地抱怨、苦恼，长期沉溺其中不能自拔，终日被泪水和无奈的情绪包围着。其实，仔细想来，抱怨、折磨自己又有何用？只能徒增自己的痛苦，让自己坠落得更深、更惨罢了！

你应该超脱一些！为什么不换个角度想想问题，同命运抗争呢？

人类历史上许多伟人都是在生命低谷中成就惊天动地的事业的：司马迁，将苦难的心锁进历史，为人类缀成了《史记》这串美丽而珍贵的项链；曹雪芹，将苦难的人生倾注在生活的大观园，为后人留下《红楼梦》这道绚丽的彩虹……

为什么伟人能在生命低谷中铸就生命的辉煌，而我辈不能呢？

当生活中的低潮涌向我们生命之岸时，让我们庆幸吧，庆幸自己终于有时间思考了，终于有时间好好审视自己走过的路了。仔细想想，自己的生命之路哪一步走歪了，哪一步走慢了，哪一步一落千丈走得不稳了……然后，积蓄你的力量，伺机待发，生命的下一个辉煌定会光顾你！

人生之路充满选择和转折，当你处在人生的低谷时，可能就预示着转折的来临。人生的不幸向人们昭示的不纯粹是灾难，它或许告诉你原来的那种活法不适合你，或许告诉你原来的要求、目的和现实有偏差，用不幸来提示你，让你暂时地心灰意冷，给你一静心思考的机会。这个时候，你如果能抓住冥冥之中命运之神给你的这个暗示，你前面的路就会豁然开朗。

把希望高擎在手中

希望，是引爆生命潜能的导火索，是激发生命激情的催化剂。一个人，只要活着，就有希望。只要抱有希望，生命便不会枯竭。

据说在沙漠中远行，最可怕的不是眼前的一片荒凉，而是心中没有一壶清凉的希望。

在茫茫无垠的沙漠中，有一支探险队在负重跋涉前进。

沙漠中阳光很强烈。干燥的风沙漫天飞舞，而口渴如焚的队员们没有水了。

当队员们失望地准备把生命交付给这茫茫戈壁时，探险队的队长从腰间拿出一只水壶，说："这里还有一壶水。但穿越沙漠前，谁也不能喝。"

水壶在队员们手里依次传递开来，沉沉的，一种充满生机的幸福和喜悦在每个队员濒临绝望的脸上弥漫开来。

终于，探险队员们一步步挣脱了死亡线，顽强地穿越了茫茫沙漠。当他们相拥着为成功喜极而泣的时候，突然想到那壶给了他们精神和信念以支撑的水。

拧开壶盖，汩汩流出的却是满满一壶沙。

无论生命处于何种境地，只要心中藏着一片清凉，生命自会有一个诗意的栖息地。

人生最宝贵的财富之一便是希望，所以罗素说："从感情上讲，未来比过去更重要，甚至比现在还重要。"

古希腊之神普罗米修斯为人间盗取了天火之后，众神之王宙斯不仅严惩了普罗米修斯，还决定向人类进行报复。他让美女潘多拉带着一个宝盒来到人间，当这个宝盒被潘多拉打开时，有数不清的祸害从里面飞了出来，布满尘世，而盒盖重新盖起来时，里面就剩下一件东西，那就是"希望"。

在这个世界上，有许多事情我们无法预料，每天给自己一个希望，我们就有勇气和力量面对生活的种种不幸。

我们不能控制机遇，却可以掌握自己；我们无法预知未来，却可以把握现在；我们不知道自己的生命到底有多长，却可以安排当下的生活；左右不了变化无常的天气，却可以调整自己的心情。只要活着，就有希望，只要每天给自己一个希望，我们的人生就一定不会失色。

　　把希望高擎在手中，让它照亮自己的生命之路。这样，你永远会活得生机勃勃，激昂澎湃，你的人生也会因此而丰盈富足！

第三章 未来路长，正视自己才能成长

正确全面认识自己的优点和缺点，充分肯定自己，相信自己的能力，挖掘自己的潜力，提高自己，就能消灭自卑，找回自信，赢得完美人生。

世界上没有绝对完美

世界上没有十全十美的事物，也没有十全十美的人。有时候，一些人和物正因为有某些缺陷和不足，才更显得可爱和伟大。所以每个人都必须爱上自己，换另外一种说法就是接受自己。

金无足赤，人无完人。在现实生活中，特别是女人，可能没有几个人对自己的相貌身材十分满意的。其实，美女的脸庞，光洁无瑕固然可爱，但长上一颗红痣不更显得妩媚动人吗？世界上没有完美无缺的人。正如某人曾说的："一个完美的人，在某种意义上说，是一个可怜的人。"所以，我们宁做一个不完美的人，也不做一个完美的可怜虫。鲁迅说过：一个有缺点的战士终究是战士，一个完美的苍蝇不过是苍蝇。所以呢，我们不要自寻烦恼，不要作茧自缚，不要自己给自己戴上精神的枷锁。

不要过分地在意自己的缺点，要勇敢地去发现自己身上的优点。有的人盲目地拿自己跟别人比较，站在人家的篱笆外总觉得别人家的草比自家的翠绿，可是，说不定他家的装修比你家糟糕很多呢！只是你不能进去看而已。还有的人为了避免别人以为自己不行，为了掩盖自己的丑陋，拼命在别人面前表现，甚至不惜一切代价夸大自己人格品德，又或者以旁人的光芒照耀自己，结果欲盖弥彰了。这些都是无法接受自己现实的表现。其实，我们只有接受这个世界上独一无二的自己就足够多了。无论什么时候，羡慕别人，妒忌别人，都没有比自立来得高明。有这样一段话说得好：你被太阳所接受，你被月亮所接受，你被树木所接受，你被海洋所接受，你被大地所接受，这样你还要什么？你已被整个宇宙所接受，你可以在它里面欢欣鼓舞。

最无谓的"痛苦"就是对自己不满意

在这个世界上，无论是人还是物，都有各自的缺点，没有任何人和任何事物可以达到完美的境界。这个世界本身就是不完美的，如果我们一味地苛求完美，那最后只能被撞得头破血流，而且最终会发现，自己的这一追求本身就是不完美的，因为它缺少现实的基础。

但丁曾说过："走自己的路，让别人去说吧。"说的就是人要为自己而生活。人活着不是为了别人，所谓为自己而生活就是：要为了自己的快乐、兴趣和人生目标而努力，不活在别人的价值观里；要善于发现自己的兴趣和特点，并在属于自己的道路上不断超越自己，追求成功；要正确对待自身的缺点或局限，当因为自身能力（不是态度问题）而无法在某个领域做到足够好时，学会坦然接受现实并及时调整自己的情绪。

人的相貌、家境等先天条件是无法改变的，但至少内心状态、精神意志是可以自己控制的。这个世界上，没有一个人活得容易，更没有一个人整日被鲜花与掌声所包围。知道了这一点，就无需再抱怨命运的乖蹇和不济了。快乐的真谛是"接受"。学会了"接受"，再加上努力奋斗，经过一段时日你就会迈上成功与幸福的台阶。

一个被劈去了一小片的圆想要找回一个完整的自己，到处寻找自己的碎片，由于它是不完整的，滚动得非常慢，从而领略到了沿途美丽的鲜花，它和虫子们聊天，它充分地感受到阳光的温暖。它找到许多不同的碎片，但它们都不是它原来的那一块，于是它坚持着找寻……直到有一天，它实现了自己的心愿。然而，作为一个完美无缺的圆，它滚动得太快了，错过了花开的时节，忽略了虫子。当它意识到这一切时，它毅然舍弃了历尽千辛万苦才找到的碎片。

所以人不必追求完美，那样只会让我们失去更美好的东西。如果懂得接受自己，懂得珍惜身边的一切，懂得理解和尊重客观现实，就能找到真正属于自己的成功之路，同时，也可以在这条道路上体验到真正的快乐与幸福！

有一个人，他曾经坚信完美的存在，并且声称自己做任何事都要力求做到完美。于是他在写书时，不仅要求内容精彩，而且还要求字形完美、纸张完美，有污渍和没有香味的纸他是从来不用的，而且如果在书写的过程中出现一丝错误，他也要立刻换上另外一张重新再写。就这样，他为了写心目中的一篇完美文章，他写了又写、停了又停，很多年过去了，他依然没有写成。

其实，我们可以凡事尽自己最大的努力做好，但不可过分苛求完美。要知道过犹不及，当我们为自己和他人的一丁点失误斤斤计较时，往往会错过从我们身边经过的更美的风景。

你不会因为一点缺陷而成为不合格的人。当我们接受自己的不完美时，当我们能为生命的继续运转而心存感激时，我们就能成就完整。

不必批判自己，开始接受自己

在这世界里，每个人都有着不同的缺憾，可是并非只有你是最不幸的。每个人都有不对的时候，每个人都有做错事的时候，我们都不是圣人。所以我们没有必要批判自己，要勇敢地接受自己。接受自己所有的不完美，所有的缺点，所有的错误，所有的失败，别要求自己要完美，因为那只是在强求一件不可能的事，只会让你遭受挫折，毕竟，你只是一个普通人。

一位残障的女子自小就患上脑性麻痹症。此症状非常惊人，由于肢体失去平衡感，手足的动作失控，而且言语不清，所以模样十分怪异。这样的人在一般人眼里已失去语言的表达能力和起码的正常生活条件，根本已经没什么前途和幸福可言。

但是她依靠顽强的斗志，终被美国著名大学所录取，并获得了艺术学位。她靠着自己的画笔，还有良好的听力，不断地抒发着自己内心的感情。

在一次她教导的课堂里，一位学生竟然这样问她："你从小就是这个模样吗？请问你怎样看自己？"班上其他的学生都责备他对老师无礼，但是她却非常坦然地在黑板上写了几行字："1. 我很可爱；2. 腿特别长和美；3. 父母家人都那么爱护我；4. 我会绘画写作；5. 我有一只可爱的猫；6. ……"最后，她以一句话作结论："我只看我的所有，不看自己所没有的！"

要成功的话，就必须接受和肯定自己。学会接受自己，才可以找到自己的起点，才能有一个正确的方向去努力。接受自己才能不回避现实，勇敢面对现实；学会接受自己，找到自己的起点，勇敢地应对自己必须面对的一切，付出自己的努力，去改变多舛的命运，而不是一味地绕过去。肯定自己才能尽情发挥自己的优点，才能充满信心，充满活力。

不要批判自己，谦虚地接受自己的不完美、缺点、错误与失败。如果一个人连他自己都不能接受自己，不敢正视自己的残缺，那么，有什么理由要求别人理解他、接受他呢？

只有接受自己才能接受这个世界，只有接受自己才能拥有真正的快乐，只有接受自己才能真正认识自己，只有接受自己才能改造自己。接受并不意味安于现状，而是以豁达之心包容一切。海纳百川，有容乃大；壁立千仞，无欲则刚。自己能更豁达地看待自己看待这个世界，真正快乐地度过每一天才是最重要的。

自卑是交往的大敌

自卑往往伴随着怠情，往往是为了替自己在俗恶气氛中苟活下去作辩解。这样一种谦逊是一文不值的。

现代社会竞争激烈，强中自有强中手，相互比较中，难免会产生自卑感。自信者往往能勇敢面对挑战，而自卑的人只会把自己放在"观众"的位置上。

如果我们的生命中只剩下了一个柠檬，自卑的人说，我垮了，我连一点机会都没有了，然后，他就开始诅咒这个世界，让自己在自怜自艾之中。自信的人说，我至少还有一颗柠檬，我怎么才能改善我的状况，我能否把这颗柠檬做成柠檬水呢？

我们从这个不幸的事件中学到什么呢？

所以，成功的人拒绝自卑，因为他们知道，自轻自卑都会把自己拖垮。一个人若被自卑所控制，其心灵将会受到严重的束缚，创造力也会因此而枯萎。

有这样一则寓言：

上帝想和人类玩个捉迷藏的游戏。

上帝想把一种叫作"自卑"的东西藏在人身上，于是他和天使们商量："你们给我出个主意，我该把它放在人的哪个部件最为隐秘。"

有说藏在人的眼睛里，有说藏在人的牙缝里，有说藏在人的腋窝上。

但一个聪明的天使笑着说："上面这些地方，人都很容易找到，并马上会把自卑还给上帝。您最好把它藏在人的心里，那里是他们最后才能想到的地方。"

有自卑感的人总是习惯于拿自己的短处和别人的长处相比，结果越比越觉得不如别人，形成自卑心理。内心的自卑，对一个人的成长与发展是最要命的，因而，如果你发现自己自卑，就要用理性的态度把它铲除掉。

如果你想完善自我，找寻快乐，就要战胜自卑。自卑缘于自我评价过低，缘于没能正确地定位自己的人生坐标。战胜自卑，首先要正确地认识自己和评价自己。"尺有所短，寸有所长"，每个人都是既有优点、又有缺点的。自卑者要学会正确看待自己的优缺点，努力发现自己的可爱之处，强化自己的长处，弥补自己的短处。

克服自卑，还要学会科学地比较，掌握正确的比较方法，确定合理的比较对象。如果以己之不足和他人之长相对照，肯定只会长他人志气，灭自己威风，最终落进自卑的泥潭，失去前进的动力。当然，也不能从一个极端走向另一个极端，老是用自己的长处去比别人的短处，总觉得比别人高出一筹，产生唯我独尊、洋洋自得、不可一世的心理。

此外，战胜自卑，还应着力去弥补自己的不足之处，使自己得到更大的发展。大凡在事业上做出突出成绩的人，在这方面都是做得很好的。日本前首相田中角荣天资聪颖，但中学时患有口吃的毛病，给他带来巨大的苦恼，他因此变得自卑、羞怯和孤僻。有一次上课，他的同桌捣乱，教师误以为是田中干的，当田中站起来想辩解时，竟面红耳赤说不清楚，老师更加认定是他做错了又不承认，别的同学也嘲笑起来。这件事对田中刺激很大，他回家后，分析自己口吃的原因主要还是源于个人的自卑。从此，他时时鼓励自己在公共场合发言，主动要求参加话剧演出，并经常练习，终于克服了口吃的毛病，为他走上职业政治家的道路奠定了基础。

正确全面认识自己的优点和缺点，充分肯定自己，相信自己的能力，挖掘自己的潜力，提高自己，就能消灭自卑，找回自信，赢得完美人生。

别因外表丑陋而苦恼

相貌是先天的，我们无法为自己选择，但我们不能因为相貌微瑕就为此失去自信，世上的事都不是绝对的，有些外表不美但有智慧、心慈善的人同样可以以其精神面貌成为强者。

战国时期的钟离春，是我国历史上有名的丑女。她额头向前凸、双眼下凹、鼻孔向上翻翘、头颅大、发稀少、皮肤黑红。她虽然模样难看，但志向远大，知识渊博。当时执政的齐宣王政治腐败，国民昏暗，"朝政大厦，顷刻将倾"。钟离春为了拯救国家，冒着杀头的危险当面向齐王陈述国之劣政，并指出若再不悬崖勒马就会城破国亡。齐宣王听后大为震惊，把钟离春看成是自己的一面玉镜。他认为有贤妻辅佐，自己的事业才会蒸蒸日上，正所谓妻贤夫才贵。这个身边美女如云的国王，竟把钟离春封为王后。

貌丑惊人的钟离春不以自己的容貌而自卑，用智慧美、品德美取代了相貌丑。她之所以那么胆大执言，就是因为她自信。自信能给强者勇气、力量和智慧，敢于做别人不敢做甚至不敢想的事；自信可以使一个坐在轮椅上的残疾人与健康的同龄人并驾齐驱并超越了健康人，从大学生到博士生；自信可以使一个靠打工起家的女人成为富甲天下的老板……自信可以使人有骨气、挺起腰杆做人，面对强大的敌人毫无惧色，反而会使敌人胆怯。拥有自信，是成大事的女人必备素质，也是人一生中最宝贵的财富。

一个女人的美与丑，并不在于一个人的本来面貌如何，而在于她的内心。

如果一个人自以为是美的，她真的就会变美；如果她心里总是嘀咕自己一定是个丑八怪，她果真就会变成尖嘴猴腮，显出一脸傻相。

一个人如自惭形秽，那她就不会变成一个美人；同样，如果她不觉得自己聪明，那她就成不了聪明人；她不觉得自己心地善良，即使只是在心底隐隐地有这种感觉，那她也就成不了善良的人。

有这么一个例子说明了同样的道理。心理学家从一班大学生中挑出一个最愚笨、最不招人喜欢的姑娘，并要求她的同学们改变以往对她的看法。在一个风和日丽的日子里，大家都争先恐后地照顾这位姑娘，向她献殷勤，陪送她回家，大家以假作真地打心里认定她是位漂亮聪慧的姑娘。结果怎样呢？不到一年，这位姑娘出落得妩媚婀娜，姿容动人，连她的举止也同以前判若两人。她高兴地对人们说：她获得了新生。确实，她并没有变成另一个人，然而在她的身上却展现出每一个人都蕴藏的美，这种美只有当我们有了自信，周围的人才会相信。

近几年来，随着物质条件的不断优越，很多地方开始流行整容，这实在是追求美的误区，实在是一种女人极端不自信的表现。

有这样一个故事：一个老女人在梦中梦到了上帝，于是她便问，"上帝啊，你能告诉我我能活到多大吗？"上帝告诉她，她还可以活几十年。老女人一觉醒来，觉得非常高兴。于是第二天就去了美容院，做了一番改头换面。她想，反正是要活很久的，把自己变得漂亮一点不是很好吗？整容之后的女人果然变得漂亮极了，许多朋友都认不出她了。可是，在她整容的第二年，她就被车子撞死了。老女人的灵魂上了天堂，她生气地问上帝："你不是说我还可以活几十年吗？"上帝看了看她说："啊，原来是你，我刚才没有认出是你啊。"

这只是一个故事，而现实中也不乏其真实的存在。一个女人和一个男人过着幸福而快乐的生活，但长期以来，这个女人一直都为自己的身材和相貌而感到自卑，即使丈夫从来没有对她评说过什么，但她内心始终有个心结。后来女人对丈夫撒谎说单位派她出国深造，其实是她想到国外去整容。两年以后，当她兴致勃勃地回到家时，面对的是丈夫的默然和疑惑。两人别扭地生活了一段时间后，丈夫提出了离婚。女人困惑而苦恼，她没承想为他去美容换来的却是离婚的结果。当她问丈夫为什么不喜欢现在美丽漂亮的她时，丈夫说在他眼里妻子永远是那个身材有些臃肿下巴长着一颗痣的女人，而绝不是眼前的她。

事实上，决定一个人美与丑，主要不是外貌，而是心灵。一个人的外貌是无法选择的，而内在的美，却是可以由自己来塑造的。再美貌的女子，也无法牵住逝去的岁月，无法红颜永驻。而内心的美，却将随着岁月的增加，心灵的日益净化，而愈加显示它的光华，受到人们的敬重。

别因自身的缺陷而恼恨

司芬克斯的鼻子胜过嘴，维纳斯的断臂胜过腿。

你是否一直都在追求完美无缺，追求完美的生活、完美的人格、完美的生命？其实缺陷也是一种美，但往往被人们忽视了。在人们心中无缺口的富士山是完美的，假如你绕"富士山"一圈，认识它的全貌以后，你就会发现有缺口的富士山更美丽些。

著名的维纳斯雕像，就是因为"断臂"才魅力无穷的。曾有好心人将她的手臂根据自己的想象作了修补，可看见的人都说这不是维纳斯了，因为失去了她那种"残缺的美"。

法国著名雕塑家罗丹在完成巴尔扎克雕像后，一群学生看到那极富魅力的双手称赞道："这双手太美了！"罗丹听罢，沉思许久，最后拿起斧子，砍掉了那双"太美的手"。他解释说，有了这双完美但又显得"过于突出"的手，就有损于人物全貌，从而失去了"本质"。可见，残缺而真实的神韵，往往胜过完整无缺的外表华美；为求全而补上残缺，有时会弄巧成拙，破坏了真实的美感。

很多人也都看过谢尔·希尔弗斯坦画的一幅名为《缺失的一角》（*TheMissingPiece*）的寓言画。

由于缺了一角，它总是不快乐，于是动身去寻找那失落的一角。它唱着歌向前滚动，其间有苦有乐。它因为缺了一角，不能滚得太快，它和小虫说话，闻花香，蝴蝶还站在它头上跳舞。它经历了很多，也碰到很多失落的一角，可是有的太小，有的太大，有的太尖，有的太钝……终于它找到了恰到好处的一角，太合适了！它高兴极了，因为再也不缺一角了，它滚得很快，快得都不能停下来了，它不能和小虫说话，也不能闻花香，蝴蝶也站不到它头上了……它累了，于是把那一角轻轻放下了，从容地向前滚动着……

我们每个人都是缺少了一角的，那缺失的一角，也许不够可爱，但那也是生命的一部分，我们要正视它的存在。正因为我们缺失了那一角，我们必须去认识、去找寻、去完善，那样才会丰富多彩。如果我们生下来就很完美，没有缺失一角，那我们还真的不知道自己怎么发展，怎么完善，那一生都不会有什么太大改变，也就没有多彩的人生了。

在生活中，很多人对一些缺陷不能正确理解和认识，反而给予轻视甚至嘲讽，认为残疾是一种缺陷。2005年央视电视台春节联欢晚会上，21个聋哑演员将舞蹈《千手观音》演绎得天衣无缝、美轮美奂，震撼了所有观众，在中央电视台的元宵晚会上，《千手观音》被评为"我最喜爱的春节晚会节目歌舞类一等奖"。由无声世界里的人们带来的舞蹈《千手观音》，引发了长久的赞誉和惊叹。他们用自己的行动证明，残疾并不意味着生活不完美，而残缺也是一种美。

曾长期担任菲律宾外长的罗慕洛身高只有163cm，他也像其他人一样，常常为自己个子矮小而自惭形秽。他甚至穿过高跟鞋，但这种方式只能令他心里不舒服。他感到那是在掩耳盗铃，于是便把高跟鞋彻底扔掉。然而，也正是身材矮小促使他走向了成功。因而他说："我愿下辈子还做矮人。"

1935年，罗慕洛应邀到圣母大学接受荣誉学位，并且发表演讲。同一天，高大的罗斯福也是演讲人之一。事后，罗斯福含笑对罗慕洛说："你抢了美国总统的风头。"

1945年，联合国创立会议在旧金山举行。罗慕洛以无足轻重的菲律宾代表团团长身份，应邀发表演说。讲台几乎和他同样高。等大家都安静下来，罗慕洛庄严地说："我们就把这个会场当作最后的战场吧。"这时，全场陷入了静默，接着爆发出一阵热烈的掌声。最后，他以"维护尊严、言辞和思想比枪炮更有力量……唯一牢不可破的防线是互助互谅的防线"结束了这次演讲。全场掌声久久不息。

事后，他分析："如果是高个子讲这些话，听众可能礼貌地鼓一下掌，但菲律宾那时离独立还有一年，自己又是矮子，由我来说，就会收到意想不到的效果。"

　　就从那时起，小小的国家菲律宾就开始在联合国中被各国当作很有资格的国家了。也正是从那时起，罗慕洛认识到了矮个子比高个子更有着某方面的天赋。矮个子起初总被人轻视，一旦爆发，就会一鸣惊人。

　　无论你存在哪种缺陷，无论你是否完美，当你处在人生低谷，因自己某方面的缺陷而自卑时，不妨对自己说："相信自己明天就会有所作为！"这样你就会突破残缺的障碍，让你的生命迸发出更强烈的声响。

　　如果你能够认识到自己生活在一个有缺陷的世界中，并不断地追求进步，不断地克服缺陷，不断地超越缺陷，那才是真正认识自己的生命价值。

没有什么不可原谅的错

如果你仔细观察周围，你就会发现，在我们宁静的生活中，大多数人都是亲切的，富有爱心的，也是宽容的。如果你犯了错，而且真诚地希望他人宽恕时，绝大多数人不仅会原谅你，他们也会把这事儿忘得一干二净，使你再次面对他们时一点愧疚感也没有。

可贵的是，我们这种亲切的态度对所有人都一样，没有什么人种、地域、民族的分别；但就只对一个人例外。谁？没错，就是我们自己。

也许你会怀疑："人类不都是自私的吗？怎么可能严以律己宽以待人？"是的，人总是会很容易原谅自己，不过，这只是表面上的饶恕而已，如果不这么自我安慰的话，如何去面对他人？但在深层的思维里，一定会反复地自责："为什么我会那么笨？当时要是细心一点就好了。"或是："我真该死，这样的错怎能让它发生？"

如果你还不相信，请你再想想自己有没有犯过严重的错误，如果想得出来的话，那你一定有过耿耿于怀，并没真正忘了它。表面上你是原谅了自己，实际上你是将自责收进了潜意识里。

我们可以对他人这么宽大，难道就没有资格获得自己这种仁慈的对待吗？

没错，我们是犯了错。但这个世界上谁能无过？犯了错只表示我们是人，不代表就该承受如下地狱般的折磨。我们唯一能做的只是正视这种错误的存在，由错误中学习，以确保未来不会发生同样的憾事。接下来就应该获得绝对的宽恕，再下来就得把它给忘了，继续往前进。

人的一生中犯的错误可多了，要是对每一件事深深地自责，一辈子都背着一大袋的罪恶感过活，你还能奢望自己走多远？

犯错对任何人而言，都不是一件愉快的事情，一个人遭受打击的时候，难免会格外消沉。在那一段灰色的日子里，你会觉得自己就像拳击失败的选手，被那重重的一拳击倒在地上，头昏眼花满耳都是观众的嘲笑和那失败的感觉，你不想爬起来了，因为你已经没有力气爬起来了。可是，你会爬起来的。不管是在裁判数到十之前，还是之后。而且，你还会慢慢恢复体力，平复创伤，你的眼睛会再度张开来，看见光明的前途。你会淡忘观众的嘲笑和失败的耻辱。你会为自己找一条合适的路——不要再去做挨拳头的选手。

玛丽·科莱利说："如果我是块泥土，那么我这块泥土，也要预备给勇敢的人来践踏。"如果在表情和言行上时时显露着卑微，每件事情上都不信任自己、不尊重自己，那么这种人得不到别人的尊重。

造物主给予人巨大的力量，鼓励人去从事伟大的事。这种力量潜伏在我们的脑海里，使每个人都具有宏韬伟略，能够精神不灭、万古流芳。如果一个人对自己的人生不尽责，在最有力量、最可能成功的时候不把自己的力量施展出来，就不可能成功。

记住，宽恕，忘怀，前进。宽恕自己，才能把犯错与自责的逆风化为成功的推力。

然而，唯有宽容待己，爱自己的人，才懂得宽容地对待他人，才会爱他人。

一位美国医生曾做过这样的一个研究：有200名参加宴会的宾客品尝了同样的食物之后，其中一半的人食物中毒，但另一半人却安然无恙。他觉得好奇，想了解其中的奥妙，结果发现那些未中毒的人生活态度较积极，自我价值极高，对事情较看得开，处事较有弹性。用一句精神心理学的话来说，就是他们心灵的能量，也就是心能较大、较强，换句话说心能越大，人越健康，因为免疫系统较强些。其实关于心能的大小强弱对人的各方面都有影响，医生、心理学家等人早已提出各种理论与实验结果。

喜欢自己，因为你是你今生的唯一；善待自己，你将获得对自己的认同和理解；只有爱自己，才能更好地给予他人，让别人喜欢自己。

26岁的公关部经理苏琪失恋后变成一个泄了气的皮球。她说，我是一只折断翅膀的丑小鸭，整个世界都把我抛弃了。可是，她忘了，这个失恋的苏琪是天下独一无二的苏琪。如果她学会喜欢自己，爱自己，她就不这么傻了。

你应该这样告诉自己：若没有我，我的自我将变成一纸空文；若没有我，我的生命将戛然而止；若没有我，我的世界将变成一片废墟。尽管在整个宇宙我不过是沧海一粟，但对于我自己，我是我的全部。为此我首先珍重自己，才能得到别人的珍重；我必须善待自己，才对得起造物主的恩赐。

美丽的苏琪终于学会了自省，晚上躺在床上对自己说，我这是怎么了？为什么要这样虐待自己？从前做项目时我是那样地能说服别人，为什么自己就不能走出这段伤情呢？仔细想想，我没有什么不对。是他不对，是他玩弄了我的感情。应该难过的是他而不是我。那我究竟是为了什么呢？经过几夜的反省，苏琪终于找到了问题的症结：自尊，狭隘的自尊。原来，从小众星捧月的她从未受过别人的冷漠，她的痛苦归根结底不是因为失去那个男人而是因为自己狭隘的自尊。于是她对自己说，现在我明白了，那样的自尊不能要，它不过是虚荣的幻影，一个坚实的自尊来自真正的自爱。我爱自己，还有什么可以自惭形秽的呢。就这样，否定了自己的虚荣，苏琪不再痛苦了，她很快走出了失恋的伤情，坦然地接受了成熟的庆典。

自爱并非自恋，自爱的人懂得"将心比心"的厚重，自恋的人只想一味索取，不肯给予。自爱的人懂得生命来之不易，为使自己在有限的生命里获得无限的充实，他会挖掘自身的潜能，并为自己的目标竭尽全力；自爱的人像爱护自己的生命一样爱护自己的名誉和尊严，他不会为眼下的利益卑躬屈膝，更不屑于为自己的成功对他人狂妄自大，蛮横无理；自爱的人在精神上是独立的，他无需掠夺他人，更不会出卖自己；最后，真正自爱的人因为自己的充实而平静，他获得了"不以物喜，不以己悲"的自由与和谐。

其实，心灵的力量是很容易培养的，因为人的心灵是很单纯的，唯一的要求是要相信你自己，肯定你自己，相信你自己是个好人，勤奋、努力、认真、节俭，肯定自己的大方、仁慈、善良……但是，要人相信自己的最大困难，就是人永远与别人比较：我不够好，因为别人比我更好；我不够仁慈，因为有人比我更仁慈；我不够漂亮，因为……

活着，是一种责任，最重要的是要有爱，爱自己、爱他人，这才是生命的意义。学会爱自己的第一步，是不再用别人的标准来评判自己，而必须建立起自己的一套价值。然后开始作为生活的依据。我们还必须学习如何与自己相处，不要常常批判自己，对自己多一些宽容。

如果已老，那就坦然面对

树有年轮，人有年龄，万物苍生，都有它发生、发展和死亡的过程。年龄对我们每一个人来说，都熟悉得不能再熟悉了。谁能没有年龄呢？可是，又有谁真正地考虑过年龄这个问题？

小孩常会问爸爸妈妈："我什么时候才能长大？"在孩子的眼中，长大意味着可以自己决定去什么地方玩，穿什么衣服，自己决定干什么或不干什么。长大，在他们眼里意味着自由与独立；在少男少女的眼中，年龄意味着美丽，意味着激情与活力；在青年人眼中，年龄意味着成熟，意味着权利，是一切可以骄傲的资本；在中年人眼中，年龄意味着不断失去的过去，意味着负担、压力，意味着责任与义务；在老年人眼中，年龄意味着美好的过去和不可预知的未来，意味着生与死交换的界线。

在年龄面前，人是无能为力的，因为它既不会因为孩子的企求而加快脚步，也不会因为老人的感慨而放慢脚步。它平等地对待每一个人，无论是总统，是科学家还是罪犯，它就像一个忠诚的仆人，一丝不苟地记录着你所走过的每一分、每一秒，一旦走过，再好的化妆品也无法掩盖岁月写在脸上的沧桑，再注重保养的肌体也无法避免衰弱的命运。

年龄，人们之所以在乎它，是因为它背后的生命，它带给人的心理的舒适与满足。

老人的生命必然是在走向衰退，这种衰退是人所难以接受的，所以他们希望忘记自己的年龄；而青年人的生命正是辉煌的时候，所以他们希望留驻年龄；儿童的生命正在走向希望，这种希望给人力量，所以他们渴望增长自己的年龄。

任何事物的存在都有一个过程，事物与事物之间就存在个先后、大小的问题。年龄大的在年龄小的之前而出现，这似乎是再明白不过的道理了。

所以，年龄在很大程度上也意味着一种资本。年龄大的人一般会有更多的经历，也就有了较深的阅历。这本无可厚非，但也给人一种错觉，觉得年龄大的人懂得的当然要多些，处理事情要妥当些，有些"大人"就据此倚老卖老，摆老资格："你小小年纪，懂什么？"好像年龄大就有资格、有条件去教训别人一样。年龄成了一个人的权力、权威、威严等的象征，成了可以随意教训人的唯一资本。

在我们这个以尊重老人为美德的国度里，传统道德潜移默化地影响着人们。在老人面前，我们习惯于恭恭敬敬，习惯于唯命是从，于是，年轻的在年纪大的人面前、在权威面前唯唯诺诺，不敢大声，不敢思想。顺着年纪大的人的思想向下走，失去了一个年轻人应有的激情与活力，失去青年时代最可宝贵的东西——激情的创造。

年轻人做错事，尤其没有按上一辈意思去做的时候，经常会被骂"不听老人言，吃亏在眼前"。年轻人好像注定是老年人的出气筒。

小的总想着长大，"三十年媳妇熬成婆"，可以说："我吃过的盐比你吃过的饭都多，过的桥比你走过的路还要多。"年轻人容易把年龄和青春容貌画等号，中年人为小的欣喜，为即将来临的老而内心发毛，老人却想着能有朝一日"返老还童"，再活他一朝。

"长江后浪推前浪，世上新人换旧人。"老的终将逝去，小的也会变老。

年龄犹如四季。不能春光永驻是一种遗憾，可是倘若永远生活在春天里，没有机会品味夏日的茂盛，秋色的灿烂，冬雪的绮丽，也会是一种遗憾。

有这样一个寓言，讲的是，未来的一天，地球人的代表来到太空，他向太空酋长提出抗议："地球人的寿命实在太短暂了，我们要求长生不老。"无奈之中，太空酋长带他到天鹅星上，指给他看地上密密麻麻的白毛般的生物告诉他："这些生物已经存在了两万年了。他们的文明高度发展，他们的人口密度也远超过极限，但因这些贪婪的生物都想永远占有自己所得到的一切，他们都不愿意去死，我就把长生不老的秘方给了他们，这样，他们再也没人死掉，但他们活得更痛苦，没有死亡也没有了希望，他们又怀念有死亡存在的日子，但他们已不可能去死，连自杀也不可能，你看，他们正在强烈恳求我赐予死亡呢。"地球人看罢，心生恐惧，便匆匆回去复命了。因此，人类依然有年龄，有生老病死。

同样的年龄，有的人要比实际年龄苍老许多，有的人却要比实际年龄年轻许多。一张苍老的脸上，写满的是逝去的流金岁月和历经的人世间沧桑；一张光洁的脸上，感悟到的是生活与梦想，年轻是梦，年老是回忆。

青年人在梦中醒着，老年人在醒中梦着。活出你自己来，保持一颗永不衰老的心，世界才真正被你掌握。

对自己说声 "行"

这是一个夸张的故事，但它能给人以启迪：

一个外出的商人，驾车行驶在漆黑无人的小路上，突然轮胎没气了，这时他看到远处农舍的灯光。他边向农舍走去边想："也许没有人来开门，要不然就没有千斤顶。即使有，小伙子也许不会借给我。"他越想越觉得不安，当门打开的时候，他一拳向开门的人打过去，嘴里喊道："留着你那糟糕的千斤顶吧！"这个故事只会给人哈哈一笑，因为它揶揄了一种典型的自我击败式的思想。在商人敲门之前，他已向自己一拳拳地打过来，"也许……即使……也许"这些只往坏处想的词语把他自己给击败了。

如果你想的是厄运和悲哀，那么悲哀和厄运就在前面。因为消极的词语会破坏一个人的自信心，不能给人以鼓舞和支持。面对失败，你需要获得一种良好的感觉，首先要往好处想。

第一，调整你的思维。

一位叫婷的妇女一见面就告诉医生说："我知道你帮不了我，医生。我简直糟糕透了，我把工作干得一团糟，我肯定要被解雇了。昨天我的老板说要调动我的工作，他说是提升，可是如果我干得很好为什么还要调动呢？"

就这样，她越说越悲伤。其实两年前婷刚拿到工商管理硕士学位，薪水也不低。这听起来并不算失败。第一次会面结束的时候，婷的治疗医生告诉她把平时所想的记下来，尤其是晚上难以入睡的时候。下次治疗，医生看到婷的记录这样写道："我并不精明，我之所以走到这一步，只是一次又一次的侥幸。""明天将会有一场灾难。我从未主持过会议。""老板今天上午一脸怒气。我做错什么了？"婷承认说，"仅仅在一天里，我就列出了26条否定自己的思想。难怪我总是无精打采，愁容满面呢。"

如果你是情绪低落，那么你肯定是在给自己输送消极信息了。听听你头脑中的话语，把这些话大声地读出或记下来，也许这样可以帮助你降服它们。

第二，排除毁灭性的词语。

有些人总喜欢说，我"只不过是个小秘书"，"仅仅是个小店员"。我们就是用这些"只不过""仅仅"来贬低自己的职业，进一步说，就是贬低我们自己。对于我们来说，罪魁祸首就是"只不过"和"仅仅"。如果把这些词去掉，就是"我是一个店员"和"我是一个秘书"，这些话就毫无损坏意义了。两个陈述都向随后而来的积极一面打开了大门，就是说"我正走在成功的路上"。

第三，停止这种思想。

当消极信息一开始，就用"停止"这个词阻止它进行。

"我该怎么办？如果……"你一定要放弃这样的想法。为了有效地"停止"，你必须顽强而执着。当你下命令的时候，要提高嗓门。设想自己压倒内心中的恐惧的声音。

小张是个二十多岁工作勤奋的单身汉，在一家公司任经理。他很小的时候，母亲就死去了，爸爸哺养他长大。他们生活得很好，然而他父亲有时过于谨小慎微，致使小张的头脑充满了焦虑的念头。不知不觉地，他的内心世界受到了他父亲的影响，变成了一个满腹疑虑的人。尽管被公司的一位女同事所吸引了，可他从来不敢向她提出约会。他的多虑使他在这件事上无所进展："向一位同事约会好不好？"或者"如果她说不去，那多么难堪呀！"

后来当小张停止了他内心的声音，约这位女同事出来的时候，她却说："小张，为什么你不早点儿同我约会？"

第四，往积极的方面想。

有这样一个故事，一个男人去找一个精神病学家。"你怎么了？"医生问。

"两个月前我祖父去世，留给我 75000 元遗产，上个月，我一个表哥路过给了我 100000 美元。"

"那你为什么还这么不高兴呢?"

"可是这个月,什么也没有!"

当一个人心情沮丧时,他看一切事情都会令人失望。所以当你通过喝一声"停止",驱除掉那些消极的念头时,就要用好的思维来代替。

有人曾这样来描述这个过程:"每天晚上我一上床,就觉得头脑里乱糟糟的,无法入睡,我总在想:'我是不是对孩子太严厉了?……我忘了给那位当事人回电话吗?'最后,在我不知所措的时候,我想起了有一次和女儿去动物园的事。我记起她笑黑猩猩。很快我的头脑充满了愉快的记忆,我睡着了。"

多想些以前的好事,想一想你被提升了或者一次愉快的旅行。

第五,扭转思维方向。

你还记得你自己一天无精打采的时候,忽然有人说:"我们出去玩会儿好吗?"你是怎么一下子精神振作起来的呢?你改变了思维的方向,心情一下子开朗起来。

现在就扭转感觉方向。你很紧张因为到星期五之前你必须完成一项庞大的计划,星期六你计划同朋友去采购。这时你就需要把感觉从负担沉重的星期五,调整到快乐怡人的星期六了。

练习一下把痛苦的焦虑转变到主动解决问题的心理状态。如果你害怕飞行,那么当飞机起飞或降落时,可以把注意力集中到机场的灯光或跑道上。在飞行中,你可以想一些地面上你喜欢的活动。

通过调整自己的思维,你可以发现另一个自己及周围的另一个世界。如果你认为自己可以做什么事情,就要争取做这种事情的机会。乐观精神会推动你向前,消极悲观会使你陷入困境。

培养自己这种习惯:保持最好的自我,成为你最想成为的"那个你"。尤其要记住自己受人赞美的地方。那就是真实的你,使之成为指导你一生的参照物——最好的自我形象。你会发现重新调整感觉的做法将会像磁石一样吸引你,当你设想使自己达到了目标时，你会感觉到这块磁石的力量。

如果你以不同的方式思想，会有不同的感受和行为，这全在于你如何控制自己的思想。正像诗人约翰·米尔顿写的："心灵可以把天堂变成地狱，也可以把地狱变成天堂。"

把缺点变成发展的机会

美国总统罗斯福是一个有缺陷的人，小时候是一个脆弱胆小的学生，在学校课堂里总显露出惊惧的表情。他呼吸就好像喘大气一样。如果被喊起来背诵，立即会双腿发抖，嘴唇也颤动不已，回答问题时含含糊糊，吞吞吐吐，回答完后颓然地坐下去。由于牙齿的暴露，使他没有一个好的面孔，更加深了他难堪的境地。

像他这样一个小孩，自我感觉一定很敏感，常会回避同学间的任何活动，不喜欢交朋友，成为一个只知自怜的人！然而，罗斯福虽然有这方面的缺陷，却有着奋斗的精神——一种任何人都可具有的奋斗精神。事实上，缺陷促使他更加努力奋斗。他没有因为同伴对他的嘲笑而减低勇气。他喘气的习惯变成了一种坚定的嘶声。他用坚强的意志，咬紧自己的牙床使嘴唇不颤动而克服他的惧怕。

没有一个人能比罗斯福更了解自己，他清楚自己身体上的种种缺陷。他从来不欺骗自己，认为自己是勇敢、强壮或好看的。他用行动来证明自己可以克服先天的障碍而得到幸福。

凡是他能克服的缺点他便克服，不能克服的他便加以利用。通过演讲，他学会了如何利用一种假声，掩饰他那无人不知的暴牙，以及他的打桩工人的姿态。虽然他的演讲中并不具有任何惊人之处，但他不因自己的声音和姿态而遭失败。他没有洪亮的声音或是威严的姿态，他也不像有些人那样具有惊人的辞令，然而在当时，他却是最有力量的演说家之一。

由于罗斯福没有在缺陷面前退缩和消沉，而是充分、全面地认识自己，在意识到自我缺陷的同时能正确地评价自己，在顽强之中抗争，不因缺陷而气馁，甚至将它加以利用，变为资本，变为扶梯而登上名誉巅峰。在晚年，已经很少人知道他曾有严重的缺陷。

拿破仑也是一个通过战胜缺陷而走向成功的人。拿破仑的父亲是一个极高傲但是穷困的科西嘉贵族。父亲把拿破仑送进了一个在布列讷的贵族学校，在这里与他往来的都是一些在他面前极力夸耀自己富有而讥讽他穷苦的同学。这种一致讥讽他的行为，虽然引起了他的愤怒，而他一筹莫展，屈服在威势之下。

后来实在受不住了，拿破仑写信给父亲，说道："为了忍受这些外国孩子的嘲笑，我实在疲于解释我的贫困了，他们唯一高于我的便是金钱，至于说到高尚的思想，他们是远在我之下的。难道我应当在这些富有高傲的人之下谦卑下去吗？"

"我们没有钱，但是你必须在那里读书。"这是他父亲的回答，因此使他忍受了5年的痛苦。但是每一种嘲笑，每一种欺侮，每一种轻视的态度，都使他增加了决心，发誓要做给他们看看，他确实是高于他们的。他是如何做的呢？这当然不是一件容易的事，他一点也不空口自夸，他只在心里暗暗计划，决定利用这些没有头脑却傲慢的人作为桥梁，去使自己得到技能、富有、名誉和地位。

等他到了部队时，看见他的同伴正在用多余的时间追求女人和赌博。而他那不受人喜欢的体格使他决定改变方针，用埋头读书的方法去努力和他们竞争。读书是和呼吸一样自由的。因为他可以不花钱在图书馆里借书读，这使他得到了很大的收获。他并不是读没有意义的书，也不是专以读书来消遣自己的烦恼，而是为自己理想的将来做准备。他下定决心要让全天下的人知道自己的才华。因此，在他选择图书时，也就是以这种决心为选择的范围。他住在一个既小又闷的房间内。在这里，他脸无血色，孤寂，沉闷，但是他却不停地读下去。他想象自己是一个总司令，将科西嘉岛的地图画出来，地图上清楚地指出哪些地方应当布置防范，这是用数学的方法精确地计算出来的。因此，他数学的才能获得了提高，这使他第一次有机会表示他能做什么。

他的长官看见拿破仑的学问很好，便派他在操练场上执行一些工作，这是需要极复杂的计算能力的。他的工作做得极好，于是他又获得了新的机会，开始走上有权势的道路了。

这时，一切的情形都改变了。从前嘲笑他的人，现在都涌到他面前来，想分享一点他得到奖励金；从前轻视他的，现在都希望成为他的朋友；从前揶揄他是一个矮小、无用、死用功的人，现在也都开始尊重他。他们都变成了他的忠心拥戴者。

难道这是天才所造成的奇异改变吗？抑或是因为他不停地工作而得到的好报呢？他确实聪明，他也确实肯下功夫，不过还有一种力量比知识或苦功来得更为重要，那就是他那种想超过戏弄他的人的野心。

假使他那些同学没有嘲笑他的贫困，假使他的父亲允许他退出学校，他的感觉就不会那么难堪。他之所以成为这么伟大的人物，完全是由他的一切不幸造成的。他学到了由克服自己的缺陷而得到胜利的秘诀。

做人最大的乐趣在于通过努力奋斗去获取我们想要的东西，所以有缺点意味着我们可以进一步完美，有匮乏意味着我们可以再进一步。当一个人什么都不缺的时候，他的生存空间就被剥夺掉了。如果我们每天早上醒过来，感到自己今天缺点儿什么，感到自己还需要更加完美，感到自己还有追求，那是一件多么值得庆幸的事！

美国杰出的学者戴尔·卡耐基说过："一种缺陷，如果生在一个庸人身上，他会把它看成是一个千载难逢的借口，竭力利用它来偷懒、求恕、懦弱。但如果生在一个有作为的人身上，他不仅会用种种方法来将它克服，还会利用它干出一番不平凡的事业来。"但愿那些深为自己的缺陷而苦恼、自卑的人，能从这句话中得到启迪，甩掉包袱，振作起来，重新塑造一个美好的形象。

第四章　博采众长，
会学习的人才能争气

　　学众人之长，你就长于众人。孔老夫子说："三人行，必有我师焉。"我们之所以不成功，就是因为我们身上缺少了成功人的特质。21世纪是一个学习的世纪，学习可以帮助我们走向成功，特别是向那些成功人士学习，能够很快成就自己。学习成功者的优秀习惯，成就自己的梦想，只要自己争气，每个人都可以。

养成做事前先定目标的习惯

没有目标的人生是一个平庸的人生，只有确立目标，内心的力量才会找到正确的方向。

没有目标的人生是一个失败的人生，就像没有空气人就不能存活、没有水的鱼儿就无法生存一样。没有明确的目标或是目标不专一，这个人再勤劳也是徒劳。就像一艘没有舵的船，如果有目标、有方向的话，就算是中途遇到风浪，风浪停息后，还是会调整好方向，向着目的地驶进；而如果没有方向、没有目标，天知道你会驶向哪里，也许永远漂泊不定呢。没有目的没有方向地去做事，你将会一事无成。所以，无论在做什么事之前都要先给自己定个目标。

茫无目标的飘荡终归会迷路，而你心中本来就有的无价金矿，也会因得不到开采而与平凡的尘土无异。如此多的人无法实现他们的理想，最重要的原因就在于他们从来没有真正定下生活的目标。要记住，走得最慢的人，只要他不丧失目标，也比漫无目的地徘徊游走的人走得快。

有一位父亲带着三个孩子，到沙漠去猎杀骆驼。

他们到达了目的地。

父亲问老大："你看到了什么呢？"

老大回答："我看到了猎枪、骆驼，还有一望无际的沙漠。"

父亲摇摇头说："不对。"

父亲以相同的问题问老二。

老二回答："我看到了爸爸、大哥、弟弟、猎枪、骆驼，还有沙漠。"

父亲又摇摇头说："不对。"

父亲以相同的问题问老三。

老三回答："我只看到骆驼。"

父亲高兴地说："答对了。"

不论做什么事都要有一个明确的目标，如果确定的目标被证明是正确的，那就应该像卫星导航船一样，坚定不移地为目标而奋斗。风平浪静时，卫星导航船将一直朝着它要到达的港口航行；当风起云涌时，卫星导航船即使在狂风暴雨中也会一直坚持着它的航线。卫星导航船在海中航行时永远只会看到一样东西，那就是它所要到达的港口。不管天气怎么样，或者它遇到什么样的困难，它到达港口的时间会在几小时之内就被预测出来。一艘想到达波士顿的船决不会在纽约出现。所以做事之前一定要有个目标，即使完不成，至少能对自己有个交代，否则只能跟着别人走，虽然也能完成，但是没有方向。

带着目标上路

彼得斯说过："人生应该树立目标，否则你的精力会白白浪费。"时代在进步，生活在飞跃，适者生存的道理鞭策我们成为不断适应新环境的强者。目标就是生存的原动力。所以，要想适应环境，必须有目标。

2004年奥运会110米栏冠军刘翔，他是一个平凡的人，一个普通的运动健儿，但他也不平凡，因为他树立了一个远大的目标：夺取亚洲人不敢问津的跨栏短跑冠军。他为此一直默默地努力着。有人说他这是在做梦，更不时地传来嘲笑。他却没有动摇，只用微笑回答了他们：发挥出我最佳水平，我能行。就是这种拼劲，正是有这样明确的目标，有这种自信的心态，终于在奥运会上，12秒91，平了世界纪录，他展现了"飞人"的英姿，夺得了冠军。刘翔实现了人生的一个目标。这是一个奇迹，不仅是中国人的自豪，更是亚洲人的自豪，他打破了这个难以突破的东方战线。他被誉为"中国飞人"，他感动了中国。

无论去哪，无论要自己做什么，请记得一定要带着目标上路，目标能使你在迷茫时不致迷失方向，目标引领你朝着那美好的愿望去磨炼，去探索，去发现自己存在的不足，然后不断地去修正，只要坚持沿着目标的道路前进，通过顽强不懈的努力，你将会采集到人生道路上那一颗颗璀璨的明珠。

凡事预则立，不预则废。目标，是崛起时的垫脚石，是成功的基础。态度决定一切，目标决定态度！带着目标上路，你会在人生的道路上独领风骚！为了我们的生活更美好，赶紧为自己确立一个坚定的目标吧！让我们带着目标上路！有志者，事竟成，我们的目标总有一天会实现。

有目标才会成功

正如空气对于生命一样，目标对于成功也有绝对的必要。如果没有空气，任何人都无法生存；如果没有目标，任何人都难以达到成功。目标是成功者的航标，没有目标就没有了前进的方向，就容易在面临人生的岔口时做出错误的决断与选择。

所谓目标，就是对于所期望成就事业的真正而明确的决心。目标要比幻想好得多，因为目标可以实现，而幻想只是一种虚幻的没法实现的东西。如果一个人没有目标，就只能在人生的旅途上徘徊，不能采取任何措施，永远到不了任何地方。有了目标才有可能到达你想去的地方，才有可能成功。

目标的作用不仅是界定追求的最终结果，它在整个人生旅途中都起作用，目标是成功路上的里程碑，是构筑成功的砖石。

有这样一个故事：两只蚂蚁非常不幸地误入玻璃杯中。它们慌张地在玻璃杯底四处触探，想寻找一个缝隙爬出去。于是，它们开始沿着杯壁向上攀爬。几次尝试过后，一只蚂蚁便放弃了，而另一只蚂蚁继续攀爬，最后它爬出了杯子。在杯中的蚂蚁既羡慕又妒忌地问："快告诉我，你获得成功的秘密是什么？"杯子外的蚂蚁回答："因为我有一个目标，就是我一定要走出这只杯子，我不能让自己的生活结束在这可以克服的困难中，在快要接近成功的时候可能最困难，谁要是在最困难的时候丧失信心，谁就可能失败；相反，谁就会赢得胜利。"

人一旦有了目标，并且努力地去克服种种困难，不断尝试，最后的结果肯定会出乎你的意料。一个有目标、有梦想的人最终会获得胜利，不会失败。你给自己定下目标之后，目标就在两个方面起作用：第一方面是目标给了你一个看得着的射击靶，它是努力的依据，也是对你的鞭策。第二方面是随着你努力实现这些目标，你就会有成就感。对许多人来说制定和实现目标就像一场永远的马拉松，随着时间推移，你实现一个又一个目标，这时你的思想方式和工作方式会逐渐地改变，于是你必须制定新的目标去适应需要。人生就是在这样的反复当中不断进步的。

目标能激发出人的无限潜能，有目标才会成功。"我要做总统。"克林顿17岁时就确立了这一目标，并且持续不懈地为之奋斗，终于入主白宫。

"我要让每一个家庭的办公桌上都有一台小型电脑。"就是这一目标让比尔·盖茨成为世界首富。

当人们确立了自己的目标之后，几乎都会产生脱胎换骨的变化。我们每一个人都具有无限的潜能，只不过由于缺乏目标，这些潜能最终没有发挥出来。

你是否有一个明确的目标或目的？你必须有一个，因为你难以达到你并未曾有的目标，正像要你从一个从未到过的地方回来一样。所以在你的一生中一定要养成一个做事前给自己定一个目标的习惯，它会让你受益匪浅。

相信自己能成功你才会成功

自信是一种心境，自信的人不会轻易地消沉沮丧，相信自己，才是一个人获得快乐、自由与成功的前提。

今天的幸福生活源于我们前些年的努力，今天的选择将决定我们以后的生活。向一些人暂时认为的"不可能"挑战！世界上任何奇迹的产生，最初都起源于"不可能"。所有的正业都起源于不务正业，只要建立必胜的信心，树立百折不挠和坚不可摧的意志，能够真正做到自己主宰自己，人生终将实现辉煌！

相信自己

相信自己，脚下的路会越走越宽；相信自己，心灵会越来越舒畅；相信自己，前方一定是一个洒满阳光的金色世纪。很少有人能够真正、完全地相信自己，这是对自己所有达到的成就自我设限。能够相信自己的人，就会懂得怎么释放出力量与资源，让自己达到更高的境界，也终将成为自认能够成为的那个人。只有相信自己能成功你才会成功。

有人说："当局者迷，旁观者清。"于是便相信别人，让别人决定自己。但是，要知道每个人都是在为自己的追求而活，别人的决定只能作为辅助的建议，不能成为你的主宰。生活的真谛在于相信自己，做自己的主人。相信自己就是对自己的充分肯定，是对自己能力的认同。相信自己是一种信念，它不是繁花如梦似锦，却如青松雪压不倒。正因为有了这样的信念，我们才会坚持到底，自信永远。有人说："只有自己才最了解自己。"于是闭目塞听，在错误的泥潭上越陷越深。其实相信自己不意味固执己见，相信自己就如同相信地球是圆的一样。相信自己，是一种风格，是一种气势，是一种境界。

海明威在小说《老人与海》中塑造的老人形象："当桑地亚哥接连 87 天一

条鱼也没有捉到，终于有一条大鱼上钩时，却被它牵着在大海里游荡多日，身心都被它摧残得几乎彻底破碎了。我们看见了老人毅然地亮出了他自信的旗帜：'一个人并不是生来要给打败的。你可以把他消灭掉，可就是打不败他。'"这正是"老人"自信的人格魅力。相信自己，给自己生活的勇气，人生的路虽然坎坷，但只要执着便能走过；人生的河虽然湍急，但只要勇敢便能蹚过。相信自己，给自己生活的希冀，便能勇敢地面对生活中一切的挫折与困境，才能踏过荆棘走向成功。

当别人不相信你的时候，你要相信自己，因为只有自己最了解自己，只有自己欺骗不了自己。只要你的生命里充满诚意，何必在意他人的目光？就像昙花开放的时候，虽不被人注意，但那一刻它也绽放了美丽；就像蜡烛，燃尽自己，虽然不被人惋惜，但那一刻它也照亮了大地。人是在为自己而活，只要活得精彩，何必为他人的目光而改变自己呢？

相信自己的潜能是无限的，相信自己能成就卓越，就像相信天空是蓝色的一样。很多人因为害怕，不敢去尝试新的事物，但是错过的往往是最美丽的。如果有自信，相信自己有能力达成卓越成就，就能让自己脱颖而出，居于有利的位置，坚信自己能够达成比一般人更高的成就，就能勇敢向前迈进，走向成功。相信自己将来的表现能够更出色，能够对工作驾轻就熟，这样的自信不是在自卖自夸，而是在稳定内心，让自己在压力浮现时依然能够表现出色。

相信自己生来就带有使命，在某个时机里它便会出现并等待自己将其达成。具备使命感，就会拥有力量、动力和自信，如果在内心里有了这种自信，很快就会发现，自己开始能够做到许多人认为做不到的伟大成就。

自信是成功之帆

一位哲人说得好：谁拥有了自信，谁就成功了一半。自信心是在实践活动中通过各种亲身体验及适当的教育形成的。只有通过各种活动，在实践中积累成功和失败的经验，才能对自己的能力有所认识。

信心是一种心境，有信心的人不会轻易消沉沮丧。试问，我们在日常生活中做事时，是否也常因否定了自己的能力，以至于错失了许多突破自我的机会呢？与其在失去之后顿足惋惜，不如现在就开始寻找新的目标及时把握。每个人都应该给自己定一个很高的目标，只有这样才能树立起追求的动力。不要惧怕，只要你努力了，就一定会有回报，向前走，即便是一小步，也有新高度！其实，每个人的心中都有一座山，世上最难翻越的山，其实就是你自己。相信自己，一定行！

自信是对自我能力和自我价值的一种肯定。在影响自己的诸要素中，自信是首要因素。有自信，才会有成功。美国作家爱默生也曾说过："自信是成功的第一秘诀。"贝多芬自信，双耳失聪后创作出了举世闻名的《第九交响曲》；海伦·凯勒自信，在双目失明后写下了许多不朽的篇章；李白自信"天生我材必有用"，使得他的诗文百世流芳。

有人说，成功是与生俱来的一种心理的本能欲望。谁都不愿寄人篱下，受人摆布，平庸地度过一生。成功是我们每个人的期望，世界上没有一个人不想获得成功。成功意味着赢得尊敬，成功意味着胜利，成功意味着最大限度地实现自我价值。不管别人如何看待成功，你最终要取悦的那个人是最重要的，而那个人就是你自己。你应当对自己寄予更高的期望与要求。托尔斯泰说："大多数人想改变世界，但没有人想改变自己。人如何获得健康、快乐、幸福、成功、富足，也由此产生责任感和成就感。"

自信不是天生就如此强大的，那么自信心是如何而来的呢？自信心的建立始于自我的激励，相信自己，积极地自我暗示，不断地告诉自己能行、一定行。自信心可体现在许多方面，如走路的速度、姿态，衣服的色彩，坐位子的前后，声音的大小，可经常训练自己，对自己说"我会成功的，我是最优秀的，我是最棒的"，也可自己对镜子训练，不断地告诉自己"我喜欢我自己"。同时还有可调节自卑心理的"我喜欢我自己"，可以写一个乃至数个喜欢自己的理由。相信自己，就是对自己的认可和支持。"我能行"和"我也会成功"，积极的自我暗示，能够激起强烈的成功欲望，在战胜困难、实现目标的过程中表现出果敢的勇气和必胜的信念。所以，对于每个人来说，只有相信自己能成功才会成功，成功偏向自信的人。

著名诗人流沙河说："自信是石，敲击希望之火；自信是火，点亮熄灭的灯；自信是灯，照亮前行的路；自信是路，引你走向光明。"心中有自信，成功有动力。莎士比亚说过："自信是成功的第一步。"古人云："人不自信，谁人信之。"建立自信，应该从相信自己、赏识自我做起。

你的心态决定你的未来

人活的都是一种心情，一种精神，一种心态，性格与心态决定未来，纵使你才华横溢，能力超群，但是没有乐观向上的心态，整日消极抱怨，你便只会一事无成。

心态是什么？心态就是性格加态度。性格是一个人独特而稳定的个性特征，它表现了一个人对现实的心理认知和相应的习惯化的行为方式。态度是一个人对客观事物的心理反应。

人与人之间只有很小的差异，但这种很小的差异却往往造成了巨大的差别！很小的差异就是所具备的心态是积极的还是消沉的，巨大的差别就是由此种心态所决定的人生。好的心态可使人快乐、进取、有朝气、有精神，消极的心态则使人沮丧、难过，没有主动性。烦恼与欢喜，成功和失败，仅系于一念之间，这一念即是心态，心态不同，左右着不同的人生选择；心态修炼，创造出完美的人生结局。拥有积极的心态，能帮你笃定重建人生的信心。心态是我们的主人，它能使我们成功，也能使我们失败。所以保持一颗健康的心态胜过一切。

如果说一个人能真正摆脱自己心态的影响，只有一种可能，那就是这个人已经死了。因此，现实生活中的人一定都会或多或少地受到各自心态的影响，而影响的多少则依据个人的心理素质不同而表现各异。

有人说："每个人都是一座有待开发的金矿，而决定个人价值含金量高低的则是心态。"怎能实现自己辉煌的职业梦想与人生目标？应该说积极端正的人生态度不仅仅有益于企业或老板，最大的受益者是我们自己。

阳光心态，成就未来

所谓阳光心态就是好的心态，积极的、向上的心态。犹太心理学家弗兰克指出："人类终极自由——心灵的自由，最后的自由——选择自己的态度。"抉择操之于己。在我们有限的生命中，上苍赋予了我们许许多多宝贵的礼物，"选择的权力"就是其中一项。我们有权利去进行思考、言语、行动，也有权力决定自己的举止该怎么做，要不要相信某些事情。除非你的意识同意，否则任何事物都无法影响你。

人的一生有很多的机会和机遇，而这些机会要靠自己把握，当失去的机会再一次回到身边时，不要庆幸自己的运气，要用你的真诚、用端正的心态去对待，因为心态成就未来！良好的心态对一个人来说真的很重要，它能够让人看出你的内涵，看出你的诚意。

古时候，有位举人进京赶考，但是连考两年都名落孙山，第三年他仍不死心，刻苦攻读后又进京，住在一个客栈里。考试前两天他做了两个梦，第一个梦是梦到下雨天自己戴着斗笠打着伞，第二个梦是梦到自己在屋顶上种白菜。这两个梦有点怪，于是秀才第二天一大早就赶紧去找算命先生解梦。

算命先生一听，连拍大腿，说："你还是回家吧，今年你还考不上。你想想，戴着斗笠还打伞，不是多此一举吗？屋顶上没有土，在那上面种白菜不是白费劲吗？"举人一听，心灰意冷，万分沮丧地回客栈收拾行李准备回家。

客栈老板非常奇怪，问："不是明天才考试吗，你怎么今天就要回家？"秀才如此这般说了一番，店老板乐了："哟，我也会解梦的。我倒觉得，你这次一定要留下来。你想想，戴着斗笠还打伞，不是说明你这次有备无患吗？屋顶上种菜，那么高的地方种菜，不是高种（中）吗"？秀才一听，觉得很有道理，于是精神振奋地参加考试，居然中了个探花。

不同的心态产生了如此迥然的结果，不得不让人深思。

心态积极的人像太阳，照到哪里，哪里亮。心态积极就能产生强烈的信念，树立远大的目标，并为目标的实现而采取最大量的行动，最终获取成功；心态消极的人像月亮，初一十五不一样，阴晴圆缺，忽冷忽热，出尔反尔。心态影响人的能力，能力影响人的命运。生命的质量取决于你每天的心态，如果你能保证眼下心情好，你就能保证今天一天心情好，如果你能保证每天心情好，你就会获得很好的生命质量，体验别人体验不到的靓丽生活。

亚里士多德说，生命的本质在于追求快乐，生命快乐的途径有两条：第一，发现使你快乐的时光，增加它；第二，发现使你不快乐的时光，减少它。

曾经有两个囚犯，从狱中望窗外，一个看到的是满目泥土，一个看到的是万点星光。面对同样的遭遇，前者持一种悲观失望的灰色心态，看到的自然是满目苍凉、了无生气；而后者持一种积极乐观的红色心态，看到的自然是星光万点、一片光明。

人的一生，就像一趟旅行，沿途中有数不尽的坎坷泥泞，但也有看不完的春花秋月。如果我们的一颗心总是被灰暗的风尘所覆盖，干涸了心泉、黯淡了目光、失去了生机、丧失了斗志，我们的人生轨迹岂能美好？而如果我们能保持一种健康向上的心态，即使我们身处逆境、四面楚歌，也一定会有"山重水复疑无路，柳暗花明又一村"的那一天。

一位哲人说："你的心态就是你真正的主人。"一位伟人说："要么你去驾驭生命，要么是生命驾驭你。你的心态决定谁是坐骑，谁是骑师。"一位艺术家曾说："你不能延长生命的长度，但你可以扩展它的宽度；你不能控制风向，但你可以改变帆向；你不能改变天气，但你可以左右自己的心情；你不可以控制环境，但你可以调整自己的心态。"歌德也曾经说过："人之幸福全在于心之幸福。"这些话语虽然简单但却不失精辟，一个人有什么样的精神状态就会产生什么样的生活现实，这是毋庸置疑的。

心态决定一切。它时时刻刻在提醒人们，无论做什么事情都要有良好的心态。在现代社会中，要处理好各种错综复杂的社会关系，要想成功，要想达到预期效果，良好的心态是成功的基点，良好的心态就是立足之本。

坚持你的人生梦想

贝多芬说过："任何一项奇迹都是产生在我们梦想的基础上，不要因为是梦想而放弃我们的努力。"坚持梦想，并认真努力去实现梦想的人，是最让人感动、欣赏并钦佩的。

生活中，我们也许会经常遇到梦想和现实相冲突的时候，是坚持梦想还是屈服于现实，总是令我们很难选择。其实二者并不冲突，梦想是基于现实而又高于现实的一种愿望，是对现实的一种补足。只有坚持自己的梦想，现实的生活才会更精彩；只有坚持自己的梦想，才能在残酷的生活面前发现美好的存在。

老子曾说"生物所息"，我们应坚持梦想，努力不止，奋斗不息。"人的躯体不是一种单纯的自然存在，而是在形状和结构上表示它是精神的感性存在。"梦想更是种活着的理念，精神上的提升。每个人都会为自己的未来规划一个幸福的地图，但是最后的际遇往往不同，因为某些原因使有些人沿途停下，有些人走入了歧途，抛开梦想，没有按自己设计好的目标路线努力，找到地图中的幸福。曾经听人说："人啊，必须流血汗才能有饭吃。"梦想是需要毅力去坚持的，只有经过坚持不懈的艰苦努力，才能无愧于心，无悔于曾经活过！

坚持最初的梦想

年轻人坚持梦想正在行路，中年人坚持梦想越行越勇，老年人坚持梦想回头观望，人的一生都是在坚持最初的梦想。没有梦想的人生是可悲的，有了梦想又不去实现的人生是可怜的。为了不给以后的人生留下遗憾，为实现梦想而努力奋斗吧……

在漫长困苦的实现梦想的过程中，可以预见到，困难和挫折是不计其数的，失败也是不可避免的。坚持成了最重要的信念和动力。环境不断在变，诱惑满天飞的时代，我们依然不能放弃梦想，在任何情况下，做比不做好，勇敢地踏出一步比放弃好，哪怕只有一小点。梦想是需要坚持的。

也许大家都听过美国著名眼科医生保罗·杰克逊的故事：

在保罗·杰克逊童年时，父亲患了严重的眼病，花了很多钱，寻访了许多医生，然而父亲的眼睛还是没有能够保住。从那时候起，保罗·杰克逊发誓要做最好的医生，帮助那些像他父亲一样的人，使他们可以重见光明。为此，他疏远了以前的玩伴，并且不结交学业以外的朋友，目的当然只有一个：节省下一切时间，为了心中的梦想努力学习。

保罗·杰克逊一家并不富有，父亲失明后，更是陷入了贫困。所以保罗·杰克逊大学毕业时，在工作和继续深造的十字路口犹豫不定。这时，他的母亲，一位普通的家庭主妇鼓励他下定决心。她说："不要让眼前的东西迷失了自己的眼睛，如果你已经选择了就不要轻易放弃，一切的付出都是有回报的。"因此，保罗·杰克逊放弃了唾手可得的高薪工作，继续攻读他的学业，几年后，他终于成为美国医学界令人惊讶的后起之秀。

徘徊在现实和梦想的两端，你是怎样选择的？保罗·杰克逊选择了自己的梦想并为之付出了努力，他最终把梦想变成了现实。其实每个人都是一样的，无论怎样，坚持梦想，不断努力，相信梦想总有变成现实的一天。

坚持梦想，体验成功

成功，每个人都渴望成功，但是成功并不是每个人都可以获得的。成功是留给有准备的人的，成功是属于坚持到最后的人的，成功是许配给有坚定信念的人的。良好的心态是追求梦想的决定性武器之一。

美国宇航局首位教师宇航员芭芭拉·摩根，在坚持了23年后，以55岁的年龄前往太空。对于美国宇航局来说，这已经是第119次太空飞行任务。但对芭芭拉来说，这是第一次。对于美国所有的普通教师来说，这也是第一次成功飞行。

在"第一次"的背后，深藏了一代人的梦想。23 年的坚持成就了他的飞天梦想。如果我们每个人都能为自己的梦想坚持不懈，那么，无论我们做什么，都一定可以成功。

如果你曾经丢失了梦想，并且现在依然对它念念不忘，那么就鼓起勇气去找回梦想吧！向梦想证明你是一个专一的人。梦想或许就在灯火阑珊处，或许就在你蓦然回首时，又或许在那个柳暗花明的小村落。爱你的梦想，并去坚持它，成功是属于你的，每一个成功人士的背后都有一个伟大的梦想。

世界证券行业尽人皆知的最重要的"波浪理论"的创始人威廉·江恩为了梦想，整天躲在狭小的地下室里，将数百万根的 K 线一根根地画到纸上，贴到墙上，接下来便对着这些 K 线静静地思索，有时他甚至能面对着一张 K 线图发几个小时的呆。后来他干脆把美国证券市场上有史以来的记录搜集到一起，在那些杂乱无章的数据中寻找着规律性的东西。由于没有客户，挣不到薪金，这个美国人许多时候不得不靠朋友的接济勉强度日。这样的情况在他的世界里延续了 6 年。这 6 年，威廉集中研究了美国证券市场的走势与古老数学、几何学和星象学的关系。

6 年后，他发现了有关证券市场发展趋势的最重要的预测方法，他把这一方法命名为"控制时间因素"。这为他在金融投资生涯中赚取了 5 亿美元，成为华尔街上靠研究理论而白手起家的神话人物。成功需要梦想，而梦想又需要坚持，有了梦想和坚持也就有了最后的成功。

风靡世界的 Windows 软件发明者比尔·盖茨，高产杂交水稻"东方魔稻"的培育者袁隆平，因为他们从小就有这样的梦想，并坚持不懈地把梦想变为现实，所以有了最终的成功。梦想是成功的种子，而坚持就是那孕育种子的阳光。人不能没有梦想，有梦才会有期望，有期望才会有拼搏，守住自己的梦，勇敢地走下去，你就会比别人提前到达成功的彼岸。

布伦克特说："只要不让年轻时美丽的梦想随着岁月飘逝，成功总有一天会出现在你面前。"要坚持你的梦想，不要退缩，成功并不是海市蜃楼，那是黎明前的黑暗，因为阳光总在风雨后，请相信有彩虹！坚持自己的梦想，成功就在你的前头！

在日常生活中，不论我们做什么事，都要相信自己，不要让别人的一句话便把自己击倒。其实，梦想最大的意义是给予人们一个方向，一个目标。如果只把梦想当做梦，那么这样的人生可以说没有什么亮点。梦想使人伟大，人的伟大就是把梦想作为目标来执着地追求！这才是最重要的。要记住，在生命中永远不要放弃自己的梦想和追求，努力向前。

适时低下高贵的头，向别人学习

不断学习的人才能不断进步，聪明的人懂得适时低下高贵的头，谦虚地向别人学习。总是高抬着头，目空一切的人，永远不会有成功的一天。

善于学习别人的长处，是改进不足的有效方法。善于学习别人的长处，有利于更快、更好地了解掌握新技术、新方法。善于学习别人的长处，还能够增强危机感和紧迫感，促使自己不断加快前进的步伐。

老子说："善人者，不善人之师；不善人者，善人之资。"仔细观察行善者的行为，不耻下问，向有本事的人求教，学会用他们的思维和角度来分析问题，并对比自己作为局外人的想法，找出其中的差异，看看自己的不足，从而学会自己不懂的东西。对于"不善人"的行为，要观察和分析其"不善人"的原因以及整个过程中的不足，以此作为自己的镜子，避免自己遇到类似情况犯类似的错误。

有一次，富兰克林到一位前辈家拜访，当他准备从小门进入时，因为小门低了一些，他的头被狠狠地撞了一下。出来迎接的前辈说："很疼吧？可是，这将是你今天拜访我的最大收获。要想平安无恙地活在世上，就必须时时记得低头。这也是我要教你的事情，不要忘记了！"从此，富兰克林牢牢记住了这句话，并把"谦虚"列为一生的生活方针之一。

有句非常贴切的谚语："低头的是稻穗，昂头的是稗子。"越成熟越饱满的稻穗，头垂得越低。只有那些稗子，才会显摆招摇，始终把头抬得老高。总是高抬着头，昂首走在前面，是很难在群众中吸取智慧的。时间长了，人们自然会把你驱逐出正常人的行列。所以，不要忘记适时低下你高贵的头，学会谦虚，学会向别人学习。

阿拉伯民间有句谚语："嫉妒就像思想上的毒瘤。"著名诗人海涅曾说过："嫉妒会使天使堕落。"也就是说当别人取得成功和进步时，不要只是嫉妒，而是要你冷静地分析一下别人和自己的优点与不足。你会发现，与其嫉妒别人，不如试着学会向别人学习，通过努力完善自己，不断取得进步！

学习别人，就是为了超越别人

不论是一个国家、一个企业，还是单个的人，在生活中都会有一个或者是多个对手，要想战胜你的对手，超过对手，就得善于向对手学习。当今社会是一个开放的社会，是一个互相学习的社会，故步自封，就注定只能被对手甩在后面，充当时代的弃儿。

在生产全球化、贸易全球化、资本全球化日益加深的今天，唯有不断向别人学习，并努力超过别人，才能独占鳌头。美国麻省理工学院管理学博士、知名教育专家吴兆颐教授曾经指出：未来的发展和竞争将不仅是个人或单个企业之间的竞争，而且会强调团队和企业群落之间的协作和竞争。

有A和B两个人，他们同时受雇于一家超级市场，开始两个人都是从最底层干起。一天他们的经理把两个人叫到一起说："A，你马上到集市上去，看看今天有什么卖的。"

A很快从集市上回来说，刚才集市上只有一个农民拉了一车土豆卖。

"一车大约有多少袋，多少斤？"经理问。

A又跑去，回来后说有40袋。

"价格是多少？"A再次跑到集上。

经理望着跑得气喘吁吁的他说："请休息一会吧，看看B是怎么做的。"说完叫来B对他说："B，你马上到集市上去，看看今天有什么卖的。"

B很快从集市上回来了，汇报说现在为止只有一个农民在卖土豆，有40袋，价格适中，质量很好，他带回几个让经理看看。这个农民过一会儿还将弄几箱西红柿上市，据他看价格还公道，可以进一些货。他想这种价格的西红柿经理可能会要，所以他不仅带回了几个西红柿做样品，而且把那个农民也带来了，他现在正在外面等回话呢。

经理看看脸红的 A，诚恳地说："B 现在可以提升为部门经理了，职位的升迁是要靠能力。不过眼下，你还得学一段时间，看看别人都是怎么做的。我相信你很快就会超过他的。"

从此，A 不断地学习别人，学习别人的长处，也学习别人的方法和经验。慢慢地他也被提升了，凭着他的聪明，他很快地就超过了 B。

这则小故事明白地告诉我们，要想提高自己的能力，必须向他人学习。向别人学习也就是要超越他。

处处留心皆学问。生活中、工作中，我们身边能说会道、会办事的人很多，他们的言行举止都应该是我们所注意观察和学习的。成功方面的，我们应尽量去借鉴、吸收，失败方面的，我们尽量去避免。所以低下头来，向别人学习，它是你成功的需要，是你充实人生的最好途径。

向别人学习，并不是"拿来主义"

虚心向别人学习是很好的表现，每个人都要向别人学习，那样才能发现自己不足的地方，然后改正，提高自身的修养。但是向别人学习也要讲究方法，向别人学习也要根据自身的情况，并不是"拿来主义"。也就是说向别人学习也挑选适合自己的，要大胆地"拿来"，却不是乱拿，否则，会适得其反。

在《庄子》中有这样一个故事。一个叫东施的女人，只知道人们夸西施美，却并不知道西施美在哪里。有一天，西施因患心痛病而捂着心口、皱起眉头走路，恰好被她看见了，她以为这就是美，从此，她每天走路也学这个样子，捂着胸口、皱着眉头。可是，所有看到她的人都远远避开她，因为她皱着眉头的样子更加重了她的丑陋，实在是让人看不顺眼。

还有一个故事是说，有一只鹰在羊群中叼了一只羊，乌鸦看见了，非常羡慕，于是，也想学习鹰的样子。结果，它力量太小，怎么叼也叼不起来，反被牧羊人逮住了。牧羊人的孩子见了，问这是一只什么鸟，牧羊人说："这是一只忘记自己叫什么的鸟。"孩子摸着乌鸦的羽毛说："它也很可爱啊！"

向别人学习是可爱的，也是对的，但是，它在向别人学习的时候，忘记了自己是谁了。其实在我们现实生活中，像这样忘记自己是谁的人并不占少数。乌鸦学鹰，不考虑自身条件，不观察周围环境，盲目冲动，很想一把就抓一只羊过来，结果抓不住羊而自陷罗网，这个教训，作为"人"也应该汲取。

人们常说，做人不可有傲气，但不能没有傲骨。人在困难面前不能低头，但也不能总是高扬头颅，眼睛向上，藐视一切。其实，每一个人都可以是你的镜子，你可以从不同的人身上看到不同的自己，为人之道，从书本上是学不来的，只能通过言传身教。从别人身上看到优点和缺点，再从自己身上寻找相匹配的那一点，很容易得出结论：缺少什么好东西，应该补充；存在什么坏东西，应该改正。

机遇来临，迅速行动

机不可失，时不再来，机会是可遇而不可求的，能不能抓住当前的机遇，主动权在每个人的手里，只有目光敏锐、勇敢果决的人能获得它，抓住它。

当机会来临的时候，宁可抓错，也决不放过。人的一生充满机遇，想要获得成功，把握机遇相当关键。当你把握准了机遇，就意味着又向成功走进了一步。反之，让机遇白白从身边溜走，所留下的只有无奈与遗憾。

人们在机遇面前往往行动迟缓，这是一种常见的现象。面临新的事物，人们往往愿意先观望别人的态度和做法，然后在各种可能性和利弊之间反复权衡、左右拿捏。当然，我们绝不否定和轻视理性的力量，但你可曾想到，机遇会在迟疑中流失，勇气会在徘徊中消散，才华正在犹豫间耗损，甚至价值也正在等待中贬值。切斯特顿说："我不相信命运，行动者，无论他们怎样去行动，我不信他们会遇到注定的命运；而如果他们不行动，我倒确信他们的命运是注定的。"事实上，常常与成功相伴的机遇，总是垂青那些随时准备付诸行动的人们。要行动才能改变一切。行动不一定带来快乐，但没有行动则肯定没有快乐。

其实，人生就是一次不断向前、持续向上的生命旅程。夏宾说过："优秀的人不会等待机会的到来，而是寻找并抓住机会，把握机会，征服机会，让机会成为服务于他的奴仆。"因此，我们不能等，要靠自己未雨绸缪，珍惜每一次光阴，让每一分、每一秒换取应得的成果，这样才能有机会与成功见面、握手，才能赢得别人的称赞，才能在自己的人生史上写下"今生无悔"这四个辉煌的字。

许多人在走到生命尽头的时候或者会感慨，如果有第二次选择的机会，一定会更加努力，更加珍惜选择的机会、更加珍爱生命。然而，生命却只有一次，没有一个人能进行第二次的选择！你一生中能获得的特殊机会的可能性还不到百万分之一；然而，机会却常常出现在你面前，你可以把握住机会，将它变为有利条件。而你所需要做的事情只有一件：行动起来。

机遇青睐有准备的人

许多还没有取得自己满意成就的人常常感叹：机遇好像从没有敲过他们的大门。其实不是这样的，机遇对每一个人都是平等的。当机遇来临时是你自己根本没有留意到前来光顾的机遇，或是因为迟于行动而与它们失之交臂。如果是你没有留意机遇的到来，或许你还会以眼力尚浅自我解嘲；如果是你和机遇失之交臂，相信你一定是痛悔晚矣。

机遇告诉我们：需走一百步，你走了九十九步也是等于零。只有坚持不懈地努力，对将来正确认识，有智慧头脑的人，才能创造出好的机会。要创造机遇，要得到原本不属于自己的机遇，或者把握住那些属于自己的机遇而不要失去，一个很重要的问题就是：做人要诚实守信！只有在敬业的基础上认认真真地做好本职，才能有所谓"机遇"。从这点延伸，机遇也确实是自己创造的。有句格言说得好："最能干的人并不是那些等待机会的人，而是那些能创造机会、抓住机会、运用机会及以机会为奴仆的人。"

机遇，历来是青睐有准备的人，它与松懈倦惰无缘。软弱的人和犹豫不决的人总是借口说没有机会，他们总是喊：机会！请给我机会！只有懒惰的人才总是抱怨自己没有机会，抱怨自己没有时间；而勤劳的人永远在孜孜不倦地工作着、努力着。其实，每个人生活中的每时每刻都充满了机会。你在学校或大学里的每一堂课是一次机会；每一次考试是你生命中的一次机会；每一个病人对于医生都是一个机会；每一篇发表在报纸上的报道是一次机会；每一个客户是一个机会；每一次商业买卖是一次机会，是一次展示你的优雅与礼貌、果断与勇气的机会，是一次表现你诚实品质的机会，也是一次交朋友的好机会；每一次对你自信心的考验都是一次机会。有头脑的人能够从琐碎的小事中寻找出机会，而粗心大意的人却轻易地让机会从眼前飞走。

某音乐学院的一个大学生，被分配到某企业的工会做宣传工作。刚一开始，他很苦恼，认为自己的专业才能与工作不对口，在这里长期干下去不但自己的前途会耽搁，而且日久生疏，自己的专业也可能被荒废。于是他四处活动，想调到一个适合自己发展的环境中去。可是，几经折腾，终未成功。

之后，他便死心塌地安守在这个工作岗位上，他发誓要改变"英雄无用武之地"的状况。他找到单位工会主席，提出了自己要为企业筹建乐队的计划。正好这个企业刚从低谷走出来，扭亏为盈向高潮发展，也想大张旗鼓地宣传企业形象，提高产品的知名度，就欣然同意了他的计划。

这回他来了精神，跑基层、录人才、买器具、设舞台、办培训，不出半年，就使乐队初具了规模。两年以后，这个企业乐团的演奏水平，已成了全市一流，而且堪与专业乐团媲美，而他自己也成了全市知名度较高的乐队经理。

通过自己的努力，他完全改变了自己所处的环境，化劣势为优势，不但开辟出了自己施展才能的用武之地，而且培养了自己的领导才能，为他以后寻求更大的发展奠定了坚实的基础。

机遇从来都是为有准备的人准备的。一个人若想获得机遇，需要采取行动，把机遇创造出来。但如果他等着别人用银盘子把机遇送到他面前，那他只有失望。我们都应该牢记，良好的机遇要靠自己去创造。

其实，人生的机遇如同鲜花一般，每种花都有开放的机会，那些还没有开放的，只是未到季节。人也一样，每一个人都有机会成功，那些未成功的，只是还没有遇到适合你的时机。但是，花草在没有遇到适合自己开放的季节来临时，需要吸收养分和阳光，储蓄足够的能量等待属于自己的季节来临，所以，你现在也要储蓄足够的能量，那就是学习更多的知识，经历更多的挫折，积累更多的人生智慧，等属于你的季节一到，你自然会绽放出美丽的人生之花！

成功是属于抓住机遇的人的

成功源于身体力行。机会真的来临的时候，我们不要有任何犹豫，不管你有没有成功的条件和成功的意识，行动才是把握成功的关键。

在这个世界上生存的每个人都有奋斗进取的特权，每个人都应充分施展自己的才华，去追求成功。比尔·盖茨说："微软最需要的，正是那些能够用行动创造机遇的人。"比尔·盖茨能够成为今天的世界首富，创建微软霸业，就是他以实际行动创造机会的结果。成功者之所以走向辉煌，就是因为他们不仅能够抓住上天赐给他们的良机，更主要的是他们能够用自己的行动创造机会。

没有机会的时候，我们就要去寻找机会，必要时创造机会也是可以的。愚者错失机会，智者善抓机会，成功者创造机会。成熟的果实要伸手才能摘取，丰收的麦田要弯腰才有收获。当机遇在你的门外徘徊，所有的等待、观望都是徒然，而成功，往往就在你开门的瞬间。把握机遇，是成功的条件、是成功的因素、是成功的方式之一。把握机遇，再加上自身的不懈努力，成功就在眼前！

成功的机遇也是需要通过确实有效的行动才能抓住的。无论你有多么美好的目标，多么缜密的计划，如果你不实际地行动起来，成功之门永远不会开启。没有成功的人他们会哭诉命运女神不给他们成功的机会。其实，每一个人的机会都是相等的。机会是成功的跳板，聪明的人是不会等待"好心人"送来机会的，而是主动扑向机会，从机会中打捞自己想要的"黄金"。

俗话说：适当的时候扔出的一块石子胜于不当的时候送出的一块金子。有的人因为抓住了机遇而"柳暗花明"，从而摘取成功的桂冠；有的人因为与机遇擦肩而过，从而"山穷水尽"，甚至有人为错过机遇而抱憾终生。在漫漫的人生旅途中，也许机遇只会降临一次，也许它会无数次地光顾你。但是，你若不能及时地抓住它，它就会转瞬即逝。所以，能抓住机遇也是一种能力，它会帮助你在苦苦跋涉中来一次人生的飞跃，让你目睹成功女神的微笑。企盼机遇是每一个渴望成才的人的共同心理，但是，并非人人都有抓住机遇的能力。在机遇来临的时候，只有脚踏实地，严谨求实，心无旁骛，才能抓住它，从而获得人生的成功！

全力以赴才能发挥最大潜能

做任何事情，都能全力以赴，坚持到底，不给自己任何的理由和借口，从不轻言放弃，这就是成功者为什么总能成功的秘密。

全力以赴，是指引命运之舟的灯塔，是积极的心态，是打开成功之门的钥匙；是巨大的潜能；是自动自发的动力源泉；是开拓的精神，是积极进取的人生理念；是综合的素质，是成功人士必备的要件，因为成功偏爱那些全力以赴的人。戴尔·卡耐基说："要想获得成功，仅仅尽力而为还不够，还必须全力以赴。"

一个人全力以赴干的事，最后的结果是他自己都想不到的和不可思议的。就像大家熟悉的汉朝大将军李广"射虎穿石"的故事。李广和随从走在路上，突然随从说前边有一只虎，话音未落，李广一箭射出，正中虎身。然而走近一看，却是一块形似老虎的大石头，而箭已射入石中，李广欲拔出箭，但没有奏效，他好生诧异。拔出箭再次射向虎石，但射了两回都未射进，李广摇摇头走开了。

全力以赴者并不一定比使用四分之三力量的人更具有实力。古人所谓"功夫在诗外"是说文人作诗的好坏往往在他的学问与阅历的深浅，而不只在诗文本身。其他行业也一样，成功与否，在于你本身的实力如何。《三国演义》中孔明站在空城上吓退几十万大兵，并不是说他有万夫莫开之勇，而恰恰是他过去的妙算神机与今日的镇定自如才吓退敌兵。

全力以赴就是不给自己任何的理由和借口，不能轻言放弃，知难而上才是我们应该具有的品格。不管多难、多苦都要坚定不移地走下去，蓦然回首，你会发现那其实真的只是一个小坑，你会为自己跨的一大步而感到自豪，也会更有信心。全力以赴，方能做好工作。人的精力是非常有限的，只有全力以赴，才能做到精益求精，才能把工作做好。否则将没有一件事能够取得成功。工作中最令人激动的力量就是"全力以赴"，它是推动企业进步的真正动力源泉。"全力以赴"

是比"自动自发"更具有内心力量的敬业精神，在"全力以赴"精神状态下工作的员工能以百分之二百的工作态度投入工作，对出色完成工作有一种使命感。人的力气和时间一样，是不能储存在银行里等到需要的时候再拿来用的，全力以赴不仅可使你今天表现优秀，还能让你今后更卓越！

许多管理者在谈到自己心目中的理想员工时，都特别强调全力以赴的精神和积极进取的激情，正如一位经理所说："我们所亟须的人才，是意志坚定、工作起来全力以赴、有奋斗进取精神的人。我发现，最能干的大体是那些拥有全力以赴的做事态度和永远进取的工作精神的人。做事全力以赴的人获得成功的概率大约占到九成，剩下一成的成功者靠的才是天资过人。"

"全力以赴"是敬业精神中最重要的部分。对企业忠诚的员工诚然可贵，但只有全力以赴的人，才是企业最宝贵的财富。他们总是能焕发出激情，想尽一切办法把工作做到出色。做任何事情，如果不全力以赴就不可能卓有成效。那些接到上级的托付后，能立即采取行动，全力以赴、不惜代价地去完成任务的人，才能成为卓越的人，才能赢得了人们尊重与仰慕。

一位猎人带着一只健壮的猎狗在森林里打猎。

砰的一声枪响后，一只野兔拖着受伤的后腿全力逃跑，猎狗及时地追了过去。

猎狗追了一段路程，没能追上，回到了主人身边。猎人生气地责备：你一只强壮的猎犬，为什么连一只受伤的兔子都追不上！猎狗望着主人：主人啊，我是忠于你的，我已经尽力了，确实没办法。

小兔子回到山洞，它的母亲得知情况后很吃惊，问：你一只受伤的小兔子，怎么跑得过一只强壮的猎狗呢？小兔子回答：情况不一样啊！猎狗是在为生活奔跑，它只是"尽力"了而已；我是在为生命奔跑，我是"全力以赴"啊！

别以为把工作尽力完成就足够了，实际上还有更大的空间和潜力：你完全可以干得更出色。如果我们不是仅仅把工作当成一份获得薪水的职业，而是用生命去工作，自动自发，全力以赴，我们就可能获得自己所期望的成功。

成功偏爱全力以赴的人

人的一生总会设定许多目标，其中有些是自己选择的，有些则是别人决定的，不论来源如何，只要有了目标，就需努力去完成。选择了不恰当的目标固然令人遗憾，但是不肯全力以赴，则注定一事无成。成功只偏爱全力以赴的人。

没有一件事情是能一蹴而就的，正如登山，我们得一级一级地不断向上攀登，才能逐步登上山顶。学习同样也是一个缓慢的过程，只有不断地慢慢积累，找到自己的差距，才可能离自己的目标越来越近。

那些在工作中全力以赴的人更容易成功，因为人的精力非常有限，只有当他全力以赴致力于一个方面时，他才能时刻想方设法弥补自己的缺陷，努力把事情做得尽善尽美。而凡事量力而行的人事事只能做到"尚可"的水平，结果往往是没有一件事能够取得成功。有一句话说得好："如果付出的比回报的多，最终得到的会比付出的多。"要知道，如果不充满激情，全力以赴，"神奇时刻"是永远不会垂青和眷顾你的。

有一个成功的经营者说："如果你能真正做好一枚别针，应该比你制造出粗陋的蒸汽机赚到的钱更多。"能全力以赴做好一件事，比对很多事情都做个"差不多"要强得多，因为"差不多"就是"差很多"。况且，我们都知道，当我们全心全意去做一件事情的时候，我们会觉得很愉快，很充实。当我们全力以赴，克服了种种困难，弄懂了一个问题，解决了一个难题后，我们就会充满热情和信心，还能体会到一种令人振奋的成就感。世上无难事，只要肯攀登，实际就是要我们做到全力以赴。任何事情浅尝辄止，博而不专，最终很可能一事无成。

全力以赴就是要有坚定的信心，向着自己确定的目标前行。无论周围的风光再旖旎，也不能放慢我们前行的脚步。自己的事情，父母、朋友、亲人只能给你做参考，主角是自己，我们必须学会自己主宰自己的命运，用自己的手来写下辉煌的历史。

要做到全力以赴，也要讲究方法

全力以赴，是一种精神，一种积极主动，永远奋力向前的精神；是一种态度，一种不计报酬，不畏艰难，不找任何借口，倾其全力去完成任务的态度；是一种素质，一种任何一家成功的公司，任何一个优秀的职员，任何一个成功的人士所必备的素质。那么，如何才能做到全力以赴呢？

首先，要有真诚和热情。这是非常重要的一点，是我们的原动力，它是一切的开始。如果你对所干的工作麻木不仁，那就味同嚼蜡，难有成就。因此，你要对你所从事的工作充满忠诚和热情，通过忠诚和热情实现自我。

其次，要态度专注，一次只做一件事。人只有一个大脑，他不可能同时做两件事，就如一个人同时写两篇文章，难免会思绪混淆，结果连一篇也写不好。要认定自己眼前的目标，一步一步走去。

第三，素质要好。每一个岗位都有他们不同的素质要求，如果我们不提高素质，光凭着真诚和热情是长久不了的，是承担不了你所从事的工作的。因为对你的要求是不断提高的，无论是谁，不会永远停留在最初对你的要求上。而工作质量的提高同我们的素质有很大的关系。它体现在你对工作的态度上、体现在你对生活的态度上、体现在你对社会的态度上、体现在你的一举一动上。

第四，要有一个完整而周详的计划。杰出的运动员往往选择适合自己体形与体能的项目去发挥，就是这个道理。我们在考虑时，不妨看看过去成功的人所具备的主客观条件，然后自问是否也有类似的条件，千万不可盲目拼命，或以为任何困难都可以凭着努力来克服。即使你克服了某些艰巨的障碍，也可能因为付出的代价太大而伤及生命的元气，无法迈向更高的目标。

第五，要有一个好的心态。一个好的心态是成功的一半。要积极向上，乐观处事。不发牢骚、不抱怨、不怨天尤人。心态好，坏事可变成好事；心态不好，好事也可能变成坏事。切记世界不会因为你而改变，唯一能改变的是你自己的心态。

全力以赴不一定带来外在的光荣，但是必然增益内心的世界。

不管做什么事都需要全力以赴、尽职尽责，因为全力以赴是培养敬业精神的土壤。一旦你领悟了全力以赴地工作能消除辛劳这一秘诀，你就掌握了获得成功的真谛。不管你从事什么样的工作，平凡的也好，令人羡慕的也好，都应该全力以赴，在敬业的基础上求得不断的进步。无论做什么事，全力以赴对你事业的成败都起决定作用。如果在你的工作中没有全力以赴，你的生活就会变得毫无意义。即使你的职业是平庸的，只要你处处抱着尽职尽责的态度去工作，也能获得个人极大的成功。

第五章　不要固执，别让一成不变害了你

　　有一种错误，叫固执，思维定式一旦形成，有时是很悲哀的。这就是我们要不断学习新知识、新观念的原因之一：形势在不断变化，必须关注这些变化并调整行为。一成不变的观念将带来毫无生机的局面。

有一种错误叫固执

在某个小村落，下了一场非常大的雨，洪水开始淹没全村，一位神父在教堂里祈祷，眼看洪水已经淹到他跪着的膝盖了。一个救生员驾着舢板来到教堂，跟神父说："神父，赶快上来吧！不然洪水会把你淹死的！"神父说："不！我深信上帝会来救我的，你先去救别人好了。"

过了不久，洪水已经淹过神父的胸口了，神父只好勉强站在祭坛上。这时，又有一个警察开着快艇过来，跟神父说："神父，快上来，不然你真的会被淹死的！"神父说："不，我要守住我的教堂，我相信上帝一定会来救我的。你还是先去救别人好了。"

又过了一会，洪水已经把整个教堂淹没了，神父只好紧紧抓住教堂顶端的十字架。一架直升飞机缓缓地飞过来，飞行员丢下了绳梯之后大叫："神父，快上来，这是最后的机会了，我们可不愿意见到你被洪水淹死！！"神父还是意志坚定地说："不，我要守住我的教堂！上帝一定会来救我的。你还是先去救别人好了。上帝会与我共在的！！"

洪水滚滚而来，固执的神父终于被淹死了……神父上了天堂，见到上帝后很生气地质问："主啊，我终生奉献自己，战战兢兢地侍奉您，为什么你不肯救我！"上帝说："我怎么不肯救你？第一次，我派了舢板来救你，你不要，我以为你担心舢板危险；第二次，我又派一只快艇去，你还是不要；第三次，我以国宾的礼仪待你，再派一架直升飞机来救你，结果你还是不愿意接受。所以，我以为你急着想要回到我的身边来，可以好好陪我。"

其实，生命中太多的障碍，皆是由于过度的固执。

有这样一则寓言：

有只乌鸦，口渴极了，可是附近没有水，只有一个被小孩丢弃的长颈小瓶里盛有半瓶雨水。乌鸦伸过嘴去，可是瓶口很小，瓶颈很长，它喝不到。于是乌鸦想了一个办法，把一颗颗小石子投进瓶里去，这样，瓶里的水升高了，乌鸦很轻松地喝到了水。

这件事，后来被寓言大师伊索写进了书里，传遍了全世界，乌鸦也因此出了名，自然洋洋得意。

这只乌鸦是个有名的旅游爱好者。有一次，它飞到一个村庄去看热闹，这儿正发生干旱，溪水完全干了，田里开了裂缝。它渴极了，可是四处找不到水喝。忽然，它在村子后面发现了一口井，低头往里面一看，井口小，井很深，但井底有水，模模糊糊地映照出它站在井洞上的身影。

它试着想飞下去，可几次都碰到井壁上，眼儿冒出金星，只好又回到井台上来。

忽然，它想到自己曾经"投石入瓶喝水"的光荣事迹，不禁高兴地叫道："呱！呱！我怎么把这经验忘了？"

于是它用嘴衔来一颗颗石子，都投到了水井里，谁知投了半天，井水仍然没有上来，树上的喜鹊说："喳喳！乌鸦先生，您别忙了，这是水井，不是您原先的那个长颈瓶子，怎么还是用那个老办法呢？喳喳！"

"你懂什么？呱呱！"乌鸦不屑地斜了喜鹊一眼，"我的方法是经过专家鉴定的，上过寓言作家的书本，到哪里都可以用，放之四海而皆准的办法，怎么会'老'呢？哇！哇！"

乌鸦继续向井里投石子……

那结果，我想大家会想得到了。

有一种错误，叫固执，思维定式一旦形成，有时是很悲哀的。这就是我们要不断学习新知识、新观念的原因之一：形势在不断变化，必须关注这些变化并调整行为。一成不变的观念将带来毫无生机的局面。

有些人对于约定俗成的规则，通常都是严格遵循而不敢打破的。但如果你能对其多问几个"为什么"，就会发觉其中会有不可理解也没有必要再存在的陋规。事物总是不断发展变化的，如果一成不变地凭老经验办事，不注意发现新情况，就免不了会吃大亏。所以一个人要想在学习或事业上有所成就，一定要适应环境变化以及适应新环境的能力，否则，对于新生事物觉察不到，最终会被环境所逐渐淘汰。

一个民族最危险的是墨守成规，因循守旧，不敢变革；一个人最糟糕的是得过且过，不思进取。要打造生存的资本，就必须破除惰性：乐于接受各种新的挑战；要有实验精神，敢于废除固定的行事风格；主动前进，对每件事都要研究如何改善，对每件事都要订出更高的标准。为了改变我们的生存方式，增加我们的生存资本，我们就要敢于突破，敢于否定自己，敢于创造新生活。

创新的机会无处不在，无处不有。只有不断创新，才能持续成功！

天堂和地狱只有一念之差

　　这是一个真实的故事：在临近高考还有 23 天的那天早上，在一个时常洋溢着欢乐笑声的班集体里，同学们正在全神贯注地填着志愿表。一切都是那么的平静，谁也不会料到信暴风雨正光速般地向他们袭来……

　　小雨，全级师生公认的一匹"黑马"，拥有无限锦绣的前程。但他做事很冲动，只要情绪一来就根本不知道什么是冷静，什么是君子动口不动手。其实他并不想伤害别人，更不想毁了自己的前途。那么，是理智与他无缘呢，还是他自己放弃了对理智的索求？

　　这一次，待他冷静下来后，他才发现自己不想发生的一切已成了现实。他把一位同学的双眼给打瞎了，年满 18 岁的他将要面临严峻的刑事处罚。他在彷徨中收拾好书包离开了教室。从那以后同学们再也没有见过他……

　　太不理智、太不成熟了！一念之差，就改变了一生的命运，很多人如是慨叹。

　　什么是成熟？

　　成熟意味着由复杂走向简单。就像一位少女不必像所有的少女的婚期一样举行那种烦琐的仪式，这位少女选择简单的方式，用一个电话就把所有的繁文缛礼都省略了，然后轻松地上路，把真正属于自身的快乐独自享受，而蜜月的路途便会变得很长。

　　成熟意味着一种从容。就像去超市购物，你可以让成熟的购物成为一种好心情。不必再把任何一项购买的意向构思得如此缜密才去实施，而是在游览般的欣赏中就完成了过去要有不少的心智才能作出的决定。

　　成熟者有许多不同于常人的心理特征，如能主动、直接地将自己推延到自身以外的兴趣和活动中；具有对别人表示同情、亲切或爱的能力；能够接纳自己的一切，好坏优劣都如此；能够准确、客观地知觉现实和接受现实；知道自己的现

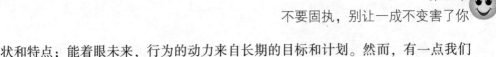
状和特点；能着眼未来，行为的动力来自长期的目标和计划。然而，有一点我们绝对不可以忘记——那就是冷静。

是的，冷静是成熟者应有的特质。冷静不只在于能够控制自己的情绪，更在于一个人如何给自己准确定位，如何面对各种复杂的局势，如何处理生活中、事业上突如其来的变化。

每个人都渴望走向成熟，那么，让我们先保持冷静。

俗话说：天有不测风云。生活中每个人都可能遇到许多不尽如人意之处。比如：你在外面做生意失败了；回到家中突然遇到父母不幸去世；太太被老板炒了鱿鱼；孩子踢球把邻居家的玻璃打碎了，人家找上门来等等。面对上述情形，你会有"发疯"的感觉吗？其实生活中有许多人和事，就是因在突发情况下的不理性，而使事情恶化，自己成了受害者。

曾听说过这样一件事：一位大学毕业生应聘于一家公司搞产品营销，公司提出试用三个月。三个月过去了，这位大学生没有接到正式聘用的通知，于是他一怒之下愤然提出辞职，公司一位副经理请他再考虑一下，他越发火冒三丈，说了很多过激的抱怨的话。对方终于也动了气，明明白白地告诉他，其实公司不但已决定正式聘用他，还准备提拔他为营销部的副主任。这么一闹，人家无论如何也不用他了。这位涉世未深的大学生因他的不理性而白白地丧失了一个绝好的机会。

在生活当中，理性地面对社会百态，才能使我们的生活提升至较高品位。理性处事，是为人的素质体现，也是情感的睿智反应。韩信肯受胯下之辱，非但不是怯懦，恰恰体现了他过人的理性。刘邦和项羽决战在即，正要韩信出兵相助之时，韩信提出要刘邦封他为"假齐王"，刘邦勃然大怒，大骂韩信不该在这个时候要求封为假齐王。然而一经张良提醒，马上恢复冷静，转而骂道，大丈夫要当王须当个真王，怎么可以要求封为假齐王？遂当即封韩信为齐王，从而使韩信出兵，打败了强敌项羽，最终夺得了天下。如果当时刘邦不能理性地分析局势，那天下最终属谁所有尚无定数。

生活里有太多的逆境，它是生活中的偶然，但在理智面前偶然会转化为令人快慰的必然，偶然与必然尽管有理论上的反差，但它可在理性和智慧中达到完美的统一。以理性面对社会，有利于顺境与逆境的反思，可既利社会又利自己；以理性面对生活，有利于苦乐中的洗练，可尽享人生中的惬意；以理性面对他人，有利于善恶中的辨识，可近君子而远小人；以理性面对名利，有利于道德上的不断完善，可提高人品和素质；以理性面对坎坷，有利于安危中的权衡，可除恶保康宁。理性使我们大度、理智、无私和聪颖。

理性是知识、智慧的独到涵养，更是理智、大度的深刻感悟。我们面对着一个高速发展的物质世界，我们必须具有人性的成熟美。

现实生活中，不如意的事总是很多，比如你希望自己有一个楼房，但单位偏偏分给你平房，于是你烦恼；希望自己的楼房清净一些，但单位的楼房偏偏在闹市区，于是你烦恼；希望能在楼房的理想楼层有自己的居室，但不幸供你选择的只有底层或顶层，于是你烦恼。

其实，平房有平房的好处，闹市区有闹市区的便利，底层或顶层并非一切都不好：楼房住底层，冬暖夏凉，出入方便，很少因你的活动而带给其他住户什么烦扰，也没有扶老携幼、登高负重的忧患；楼房住顶层，可凭窗望远，快哉临风，居高临下，心旷神怡。上楼下楼练腿脚，等于多了一套不用花钱的健身器。

生活中的其他也如是，天下事没绝对的好或绝对的不好。没有汽车，你不花保养汽车的费用，不为没有车库发愁，不受交警的管束，多窄的胡同你都能够潇洒地走进去，汽车就无奈，有力使不上，看着你干瞪眼。没有空调，省下电费不说，还不得空调病。大汗淋漓时来块冰镇西瓜，来瓶啤酒，冲个冷水澡，绝对跟待在空调屋子里的人有不一样的享受。

权力不是幸福。权力是让人羡慕的，奉迎是令人舒服的。但权力还能够把人送上断头台。你没本事（权力）给人办事，但也没有整天价应付堵门求你办事的麻烦；没有一帮子人围着你转，以后也免了有朝一日墙倒众人推……

天堂与地狱仅一念之差。看得开天堂就会向你招手，看不开地狱会向你敞开自由之门。

遇事不钻牛角尖

有一则脑筋急转弯这么说："一个人要进屋子，但那扇门怎么拉也拉不开，为什么？"回答是：因为那扇门是要推开的。

生活中我们有时会犯一些诸如只知拉门进屋、不知推门的错误。其中的原因很简单，就是我们有时遇事爱钻牛角尖，不会变通。有时候，周围的环境变了，我们却不知变通，还在固执一端，钻牛角尖，认死理，结果却闹出笑话来。

《吕氏春秋》里记载：楚国有一个人搭船过江，一不小心，身上的剑掉进了河里。同船的人都劝他下水去捞，但他却不慌不忙，从身上拿出一把小刀，在剑落水的船边刻个记号，有人问："做什么用啊？"他回答说："我的剑就是从这个地方掉下去的，我作个记号，等会儿船靠岸时，我就从这个记号的地方下水去把剑找回来。"船靠岸时，他就这样去找剑，结果自然没有找到。

刻舟求剑，是一种刻板的、不知变通的思维方式。有时候我们的思想就像那把剑，环境的大船已经变了，而我们却还在那里原地不动；有时候我们也会刻舟求剑。

俗话说："变则通，通则久。"只要我们学会变通，许多事情都能变不可能为可能，都能变坏事为好事。

两个欧洲人到非洲去推销皮鞋。由于炎热，非洲人向来都是打赤脚。第一个推销员看到非洲人都打赤脚，立刻失望起来："这些人都打赤脚，怎么会要我的鞋呢？"于是，他便沮丧而回。另一个推销员看到非洲人都赤脚，惊喜万分："这些人都没有皮鞋穿，这皮鞋市场大得好呢！"于是，他想方设法引导非洲人购买皮鞋，最后他发大财而回。

第一个人不懂变通，以为牛不喝水，便不能强按头。第二个人则不然，他会变通一下，给牛点盐吃，不也就能让它喝水了嘛！

关于皮鞋的由来，据说还有这样一个典故：

早期没有鞋子穿，人们走在路上，都得忍受碎石硌脚的痛苦。某一个国家，有一个太监把国王的所有房间全铺上了牛皮，当国王踏在牛皮上时，感觉双脚非常舒服。

于是，国王下令全国各地的马路上，都必须铺上牛皮，好让国王走到哪里，都会感觉舒服。有一个大臣建议：不需要如此大费周折，只要用牛皮把国王的脚包起来，再拴上一条绳子就可以了。于是无论国王走到哪里，都感到舒服。

故事中的大臣是聪明的，他的变通，使舒服与节约两全其美。假如，我们在工作学习之余能学会变通，随时调整自己的方向和步骤，便会有事半功倍的效果。

生活中，我们也应该学会变通，学会在山穷水尽的时候转换一下心情，说不定会"柳暗花明又一村"。变通能让我们少一些郁闷，多一些开心，少一些烦恼，多一些幸福。遇事不钻牛角尖，人也舒坦，心也舒坦。

为什么不可以改变态度

当你面对镜子，看着那个熟悉的身影，你可曾有些许的厌倦？长久一成不变的风格，让你以为那就是"最适合"的自己。穿着打扮、言谈举止，待人处世，所有的行为都已经形成固定的模式，你是否会觉得生活开始变得单调无趣？改变现状，不一定要换手机、换工作、换环境……改变自己，才是最有效的途径！

人的一生不可能一帆风顺，总会遇到这样那样的困难或者障碍，有时候为了跨越这些障碍，你必须改变原来的样子。有时候，我们太坚持了，总是说："我原来就是这样的啊！为什么现在不可以呢。"那是因为现在已经不是以前了。适当改变自己，懂得顺应潮流，才能找到生存之道，才能跨越重重障碍，实现自己的目标。

一条小河从很远很远的高山上流淌下来，经过草地、森林、村庄，最后流到一个沙漠。这时，它开始感觉到了轻松。"我已经越过了那么多障碍，这么平坦的土地，我肯定也能穿越而过。"它心想。

当它开始迈开自己的脚步时，却发现自己的水分被沙漠吞噬了，成了泥沙，它努力了很多次，结果都是徒劳，它心灰意冷，"难道这就是我的归宿，我永远无法到达渴慕已久的浩瀚的大海吗？"它沮丧极了。

突然，它听到一个声音："微风可以穿越沙漠，河流应该也可以。"原来是沙漠在鼓励小河。

小河还是没有信心："微风可以飞驰而过，而我不能飞啊。"

沙漠这次铿锵有力地说："如果你仍然坚持原来的样子，你就永远也无法穿越这个广袤的沙漠。你可以换一种样子，蒸发到空气里，让风儿带你穿越这个沙漠，你的愿望不就实现了吗？"

"改变我原来的样子，蒸发到空气中？我从来没有想过这样的事情。"小河有些惊慌失措。

"这不可能的，那不是自我毁灭吗？"小河实在无法接受这样的改变。

"那不是毁灭，那是重生。"沙漠耐心地解释道。

"怎么是重生呢？"小河还是充满疑惑。

"你蒸发到空气中，变成了水汽，只是你的形态变化了，那样微风就可以把水汽飘过沙漠，到了适当的地方，它就把水汽释放出来，凝结成雨滴。这些雨滴落到距离大海越来越近的地面，汇集成河流，这不就是你的重生吗？这样就能继续前进，这样，一次，两次……慢慢接近大海，直至汇入你渴慕的大海。"沙漠做了科学的解释。

"那也不是原来的我了。"小河怯怯地说。

"可以说是，也可以说不是。但是，你想，无论你是一条看得见的河流，还是看不见的水蒸气，你的本质并没有任何改变。"

小河是改变了自己的形态，但它的本质还是水，而且它最终还是能够到达大海，实现自己的梦想。

人也一样，在适当的时候改变一下自己，你就能达到你的目标。也许你会默默地问自己本质是什么，你紧抓不放的会是什么，你想得到的又是什么。其实，生命不只有一种形式，当你无法改变别人或者环境的时候，最好的办法就是改变你自己。形态的改变不会影响你的本质，只要你本质不变，你就还是你，这就足够了。

山不过来我就过去

一位大师带领几位徒弟参禅悟道。徒弟说："师父，我们听说您会很多法术，能不能让我们见识一下。"师父说："好吧，我就给你们露一手移山大法吧，我把对面那座山移过来。"说着，师父开始打坐，一个时辰过去了对面的山仍在对面。徒弟们说："师父，山怎么不过来呢?"师父不慌不忙地说："既然山不过来，那么我们就过去。"说着站起来，走到对面的山上。……

愚公移山是一种精神，移山之术是一种误导。

愚公移山精神长存，移山之术昙花一现。

世上本没有什么移山之术，只有一种精神：坚定不移。只有一种方法：山不过来我就过去。

生活中的许多事情，就像大山一样，是我们无法改变的，或者是暂时无法改变的，只有改变自己。

如果别人不喜欢自己，说明自己还存在缺陷；如果别人不认同自己，说明自己还没有做好；如果别人不能接纳自己，说明自己还不够成熟。

如果我们还没有成功，说明我们没有找到成功的方法。

若要改变事物，首先要改变自己。只有改变自己，才会最终改变别人；只有改变自己，才能改变属于自己的天地。所以说，如果山不过来，还是让我们过去吧。

知人者智，自知者明。胜人者力，自胜者强。

对待他人我们应该换一个角度来想想，那对待自己呢？先看下面的这个故事。

小高有一次在外头玩得太晚，只好走夜路回家，途中经过一片荒地，路上一片漆黑。

小高一边走一边咒骂，懊悔自己早先遗落了打火机，害得现在连一个照明的工具都没有。

正在怨天尤人的同时，突然眼前出现了一点亮光，逐渐向自己靠近，于是小高加快脚步，朝灯光走过去。

等到走进灯光里的时候，小高才发现那个拿着手电筒走路的人，竟然是个双目失明、戴着墨镜的瞎子。

小高感到十分诧异，于是开口问那名瞎子："你又看不见，手电筒对你而言一点用处也没有，为什么你还要带着手电筒呢？"

瞎子听了小高的话后，缓缓地叹了一口气说："你有所不知，这条路实在太黑了，别人常常看不到我，匆匆忙忙走过去，一不小心就把我给撞倒了，所以我只好拿着手电筒走路。虽然我看不到别人，但是别人可以看到我，就不会再把我撞倒了。"

英国剧作家萧伯纳曾说过："当问题发生时，人们往往归咎于环境，事实上，一个人应该努力适应四周的环境，如果无法适应，便要自己去创造环境。"

在这个故事中，聪明的瞎子懂得变通，制造了一个适合自己的环境，可以说利人又利己。

人生到处充满着意外和变化，只知道沿袭过去或安于现状的人，最后必然失去未来。

做人就应该和这位瞎子一样，懂得适时地转弯，反向思考。为自己的困顿找出路，困难其实没有想象中那么复杂，只要换个角度，你便可以看得更清楚。

要生存就要打破外壳

对于农村出身的人来说，谁都知道，小的时候，家里每年都要孵小鸡。

当那只红脸的老母鸡成天无精打采，赖在窝里不肯出来，祖母就拍着手欢天喜地地说："哎呀，抱了，抱了……"于是端来一只大竹筐，蓄上厚厚的稻草，上面再铺上祖父的破棉袄。从米坛子里取出一只只蛋来，祖母说那是鸡公蛋。红脸母鸡仿佛和祖母串通好了似的，急不可待地跳上窝去，咯哒咯哒地一阵乱叫，像在发表什么宣言似的，然后就一声不吭地趴在窝里，连我用它最喜欢吃的油蚱蜢引诱它，它都无动于衷。祖母小声警告我说，它在孵小鸡呢，不要去惊动它。

等待的日子是漫长的。有一天趁着母鸡下窝去进食排便的时间，祖母赶紧用大木盆盛上一盆温水，将鸡蛋放在水里，鸡蛋竟在水里左摇右摆跳起舞来。祖母喜上眉梢，"成了，成了……"原来鸡蛋里已经有了生命。此后的几天，我和祖母都密切地注视着鸡窝的情况。终于有一天，我们听见一阵"唧唧"的叫声，看见一只小鸡已经撞破鸡蛋壳，透过蛋孔用黑亮的小眼睛打量着我们，打量着这个陌生的世界。母鸡更是急不可待，三下五除二地为小鸡解除障碍，小鸡欢腾地扑向母鸡的怀抱，娘儿俩可亲热了。不到一天的工夫，一窝十几只鸡就出得差不多了。

总是有那么一两只小鸡不能破壳而出，祖母说这种蛋是冤蛋。母鸡竟然狠心地准备弃它们而去，我忍不住大声责骂起母鸡来。祖母笑着说："傻孩子，母鸡是不会去管它们的，小鸡要活下去，必须先打破自己的壳。"事实证明，虽然冤蛋里的小鸡在我和祖母的帮助下出了蛋壳，由于先天发育不良，还是先后死去了。

要生存就必须自己打破自己的外壳，这就是小鸡朴素的生存哲学。

人何尝不是如此呢？在我们每个人的人生历程中，都会面临一次次的变革与挑战，旧有的自我和各种压力就像一个厚重的外壳，它阻碍我们的视线，使我们看不到前途和光明，扼杀我们于无形。我们就是一只困在壳中的小鸡，犹豫不决、顾虑重重。这时候，你要想想祖母的话，打破自己的外壳，轻装前进，你一定会找到生存的机会，从逆境中突围。

疯狂英语的创始人李阳，以前是一个极度自卑、几乎禁闭了自己的年轻人，有一天鼓足了勇气一声呐喊，把怯懦和自卑击得粉碎，从此踏上了一条崭新的希望之路，成就了一个辉煌的人生。

弹性生存是一种艺术

一个人需要具备心理承受能力，比如，面粉放上水揉一下，然后一捏，面粉很容易散开，但是你继续揉，揉过千遍万遍以后，它就再也不会散开了，这是因为它有了韧性。

人进入社会的过程就如同一盘散沙般的面粉，被社会不断的搓揉，最后变成有韧性的面团的过程。蹂躏、折磨、压迫，都是对人的考验，你必须能够承受。能屈才能伸。

加拿大魁北克有一条南北走向的山谷。山谷没有什么特别之处，唯一引人注意的是它的西坡长满松、柏、女贞等树，而东坡却只有雪松。这一奇异景色之谜，许多人不知所以，然而揭开这个谜的，竟是一对夫妇。

那年的冬天，这对夫妇的婚姻正濒于破裂的边缘，为了找回昔日的爱情，他们打算做一次浪漫之旅，如果能找回就继续生活，否则就友好分手。他们来到这个山谷的时候，下起了大雪，他们支起帐篷，望着满天飞舞的大雪，发现由于特殊的风向，东坡的雪总比西坡的大且密。不一会儿，雪松上就落了厚厚的一层雪。不过当雪积到一定程度，雪松那富有弹性的枝丫就会向下弯曲，直到雪从枝上滑落。这样反复地积，反复地积，反复地弯，反复地落，雪松完好无损。可其他的树，却因没有这个本领，树枝被压断了。妻子发现了这一景观，对丈夫说："东坡肯定也长过杂树，只是不会弯曲才被大雪摧毁了。"少顷，两人突然明白了什么，拥抱在一起。

做人不可无傲骨，但做事不可能总是昂着高贵的头。

生活中我们承受着来自各方面的压力，积累，终将让我们难以承受。这时候，我们需要像雪松那样弯下身来，释下重负，才能够重新挺立，避免压断的结局。弯曲，并不是低头或失败，而是一种弹性的生存方式，是一种生活的艺术。

做人既要诚信，也要变通

做人固然要讲诚信，但也要懂得变通才行。人生在世，总难免有被小人缠身时刻。在小人面前讲斯文扮君子，不但不会令这些目光狭隘嫉贤妒能的小人领情，承认这是君子风度，还会使自己被人笑为傻气，从而更会助长其得寸进尺的气焰。

所以，《菜根谭》认为，"待小人不难于严而难于不严"。

一匹狼跑到牧羊人的农场，想扑杀一只小羊来吃，牧羊人的猎犬追了过来，这只猎犬非常高大凶猛，狼是打不过它也跑不掉了，便趴在地上流着眼泪哀求，发誓它再也不会来打这些主意了，猎狗听了它的哀求，又看到它脸上的眼泪，非常感动，不忍心再下手杀它，便放了这匹狼。想不到这匹狼在猎犬转身的一瞬纵身咬住了猎犬的脖子，幸亏主人及时赶到，才救了猎犬一命，但猎犬流了很多血，它伤心地说："我原不该被狼的话感动才是啊!"君子不乘人之危，这是老祖宗从古时流传下来的侠士风范，然而人世间有一条奇怪的规律：人善被人欺，马善被人骑。有些人专爱拣软柿子捏，人家越是爱面子，这种人越是损人家的面子，戏弄挖苦，当众揭丑，尖酸刻薄，无所不用其极。对这样的人，能忍则忍，忍无可忍时，千万不要客气，不妨黑下脸来，反戈一击。

和那些修养极差或别有用心的人生气实在不值得。相当多的时候，最有效的办法是"黑"吃"黑"。

北洋政府时期，《选举法》规定，有一部分参议员，须由中央通儒院选举产生，凡国立大学教授，都有选举权。投票时，人到不到场无所谓，重要的是带张文凭去，便可登记"投票"了。据说，当时每张文凭可卖到大洋 200 元。在这种贿选风气下，北大"老怪物"辜鸿铭自然也成了被买的对象。

这天，某某到辜鸿铭府上，求其投他一票。

辜说："我的文凭丢了。"

某某说："谁不认得你老人家？只要你亲自投票，用不着文凭。"

辜说："人家卖200块钱一票，我老辜至少要卖500块。"

某某说："别人200，你老人家300。"

辜说："400块，少一毛钱不来，还得付现款，不要支票。"

某某要还价，辜就叫他滚出去。某某只好说："400块钱，就依你老人家。可是投票时务必请你到场。"

选举的前一天，某某果然把400元钞票和选举入场证带来了，还再三叮嘱辜鸿铭明天务必到场。等某某走了，辜鸿铭立刻出门，赶下午的快车到了天津，把400块钱全"孝敬"在一个叫"一枝花"的姑娘身上了。两天工夫，钱花光了，辜鸿铭才回北京。

某某立刻找上门来，大骂辜鸿铭不讲信义。辜鸿铭拿起一根棍子，指着那个政客说："你瞎了眼睛，敢拿钱来买我！你也配讲信义！你给我滚出去！"某某逃之夭夭。

《菜根谭》认为："待善人当宽，待恶人当严，待庸众之人当宽严并存……待小人，不难于严而难于不严。"人生在世，总难免有被小人缠身的时刻。顺其所为，或者会与其同流合污，或者会被其缠得无法脱身。直截了当拒绝，又难以解气，而且会放过小人，让他们一处不成又转往他处作恶。辜鸿铭这样"黑吃黑"，以"真小人"的姿态来反"伪君子"，虽不能从根本上解决问题，但也真是让人拍手称快。

对别人许下承诺之后，你要怎么完成呢？如果你所说的承诺，只是为了给人一个善意的安慰，那么你要如何实现这个诺言，才不会显得迂腐，又不违背自己的意愿呢？

以下这个故事，或许可以当作参考。

有一位老人，临死前将他的律师、医生和牧师全叫到床前，并分送给每个人一个装有二万五千美元的信封。

因为，老人希望自己死后，他们能遵照自己的交代，将这些钱放到棺木里，让他能有足够的钱长眠于天堂。

不久之后，老人便去世了。

在入殓的过程中，律师、医生和牧师都将信封放在老人的棺材中，并祝他们的委托人能够安息。

几个月之后，这三个人在一场宴会中相遇。

牧师一脸歉疚地说，在他的信封里，其实只放了一千美元，他认为与其全部浪费在棺材里，不如将其中一部分捐给福利机构。

医生被牧师的诚实深深地打动，也供出了自己把钱捐给一个医疗慈善机构，信封里只装了八百美元，并认为与其把钱无谓地浪费掉，还不如用在其他有意义的事情上。

这时，律师却对他们的作为露出不以为然的表情。

他慢条斯理地说道："无疑的，我是唯一对死去的老朋友最守信用的人，我必须让你们知道，我真的在信封里放入了全部的金额，因为我在这个信封中，放了一张面额二万五千美元，写了我的大名的私人支票。"

非常有意思的小故事，谁才是真正信守诺言的人呢？

律师把金钱放进自己的口袋，并把二万五千美元以支票取代，毫无疑问的，他才是最聪明，也是最守信用的人，因为，他"真的"一点也没有违背对朋友的承诺。

这是一个简单的价值认定，对一个临死老人的请托，"数字的完整"才是他所要的，所以，当牧师与医生各取所需地把金钱挪用时，他们便已违背了承诺，因为数字已经不完整了。

他们应该像律师一样，把钱全数交给福利机构，并开立一张二万五千美元的支票以告慰死者！

三个人有两种不同的变通方式，如果是你，你会选哪一个？

也许有人对律师将金钱据为己有的行径不能认同，不过在"金钱生不带来，死不带去"的现实生活中，我们既要遵守对往生者的承诺，也要让他的遗愿更具意义地完成。

对律师而言，他的价值认定就在这一念之间，虽然做法或许有瑕疵，却也没什么大错！

第六章 笑赢人生，
把逆境当成一所最好的学校

　　在逆境中微笑，就愈显得笑的不易，笑的可贵。在逆境中学会开朗地笑，心情坦坦荡荡，更是不易。而要做到这一点，就要具有坚强的意志，就得有宽广的胸怀，并要有意识地锻炼自己，磨炼自己的意志。在挑战逆境的道路中，不乏有"失败"相陪，但谨记失败不失志。

唯有挫折能让你坚强

不要把挫折看成灾难，因为它是走向成功的垫脚石，人在挫折中成长才会更加坚韧与强大。

人人都希望自己的人生之路都是一帆风顺的，人人都渴望能够多一点快乐，少一点痛苦，多些顺利少些挫折，然而，命运却好像总爱捉弄人、折磨人，总是给人以更多的失落、痛苦和挫折。一个人，总有一定的目标，也许这一辈子都在为实现这个目标而奔跑着。可是，奔跑的路并不平坦，即使是期望很平静地生活，有时还会让你摔跤，摔得很疼。人随时都会遇到挫折，但人们遇到挫折时所表现出来的反应并不相同。有的人能百折不挠、克服挫折；有的人则一蹶不振、精神崩溃，于是，失败与成功的区分立现。

人生是各种磨难的集合体，想要没有一点儿挫折的成长是无法实现的奢望。逆境虽然让人痛苦，但经受住挫折和失败，可以增加人生的"财富"，磨难的同时也是磨炼。没有挫折的人生，看似幸运实际上是贫乏的人生。成功与失败不在于是否碰到挫折的阻碍，而在于我们如何去应对它。但凡成功者无一不是在挫折中奋进、在挫折中成长的。有人说，挫折是成长路上的陷阱；有人说，挫折是人生途中的悲凉；有人说，挫折是社会史上的污点……也许这些观点的存在都有一定的道理，但最令人振奋，最让人释怀，也最为准确的观点应该是积极的，挫折是走向成功的垫脚石，挫折是人生的磨难，挫折是人生的一笔财富。

张海迪说："即使挫折使你倒下去一百次，你也要一百零一次站起来，唯有挫折能让你坚强起来。"

贝多芬说："要在挫折面前扼住命运的喉咙，挫折会使你自信起来。"

生活中的强者，对挫折的承受力极大，面对困境，不是被动和无可奈何，而是主动积极地迎接挑战，以百倍的力量去努力奋斗，以便摆脱挫折的困扰。在挫折面前，强者常常利用挫折的益处来提高自己的活动力量。而成就事业的过程往往也就是战胜挫折的过程。

挫折是人生的一笔财富

有这样一则小故事：

一个小男孩子发现草地上有一蛹，于是就将它带回了家。没过几天，蛹上出现了一道小裂缝，里面的蝴蝶挣扎了很长时间，身子仿佛被卡住了，迟迟出不来。天真善良的孩子看到蛹中的蝴蝶痛苦挣扎的样子于心不忍，就找了把剪刀，把卡住蝴蝶的蛹壳给剪开了，这样很轻松地便让蝴蝶脱蛹而出了。可是，因为这只蝴蝶没有经过破蛹前必须经过的痛苦挣扎，所以，出壳后它的身躯臃肿，翅膀干瘪，根本无法飞翔起来，不久就死了。

这个小故事给我们道出了生活的一个真谛：不经历磨炼与挫折，就不会有一个人的茁壮成长。挫折是一个人成长的必经之路。

成功是每个人都希望达到的，但是能达到成功的人却少之又少。因为，要想成功就必须走一条漫长艰辛的路，在荆棘面前，有人却步了，于是他就慢慢掉队，终于赶不上成功者的脚步了。对待挫折，著名的数学家华罗庚曾经说过："在科学的道路上没有平坦的大道可走，只有一条条弯曲的小径。只有不畏攀登的人，才有可能登上科学的顶峰。"强者之所以为强者，不在于他们遇到挫折时根本没有消沉和软弱过，而恰恰在于他们善于克服自己的消沉与软弱。强者在挫折面前会愈挫愈勇，而弱者面对挫折会畏缩不前。所以，要直面挫折，正确对待挫折。

挫折孕育着成功。巴尔扎克曾说过："挫折就像一块石头。对于弱者，它是绊脚石，让你却步不前。对于强者，它是垫脚石，让你站得更高。"美国著名的科学家爱迪生，为了找出可以做电灯灯丝的材料，试验了1600多种矿物和6000多种植物，最后，才使电灯发出耀眼的光明。爱迪生就是在一次次的挫折中不断地摸索，才取得成功的。而每一次的挫折都让他离成功更进一步。

挫折是人生的试金石。司马迁曰："文王拘而演《周易》；仲尼厄而作《春秋》；屈原放逐，乃赋《离骚》；左丘失明，厥有《国语》；孙子膑脚，《兵法》修列……"他们身处逆境，却不向命运低头，因此，为后人留下了宝贵的遗产。人生的旅途中，挫折是难免的，面对挫折的态度不仅决定了你的成就，还是人生的试金石，对一个人的品格与修养都是极大的考验。鲁迅彷徨过，哥白尼忧郁过，伽利略屈服过，歌德、贝多芬还曾想自杀过。但他们通过斗争，最终都坚定地走向了真理，更加磨炼了自己的意志和毅力。只有战胜风浪，才能够如"闲庭信步"，获得胜利后的喜悦，取得最后的成功。

挫折是人生的一笔财富。只要善于把握这笔财富，就能积累起成功的资本。

直面挫折，善待挫折

在我们成长的道路上，理想和现实常常会发生碰撞，伴随着顺利、幸福和成功背后总会有逆境、挫折和失败。阿甘精神告诉我们：成功就是直面挫折和失败，将个人的潜能发挥到极限。只有正视挫折，才能够正确地认识挫折，认真吸取挫折教训的人，才能将"失败"变为"成功之母"，那么，如何理性地正视它，勇敢地承认它并正确地对待它呢？

遇事要有理智。明智的人在处理问题时都不刻板，富有弹性，且具有较强的应变能力。明智的人面对生活会冷静地审时度势，不会冲动行事，能在理性的控制下做出明智的抉择。他们善于接受自己，眼睛望着理想，双脚踏着现实去努力奋斗，用失败是成功之母来激励自己，直到取得最后的胜利。而愚人面对挫折总是喜欢感情用事，凭一时的冲动去做某件事，待到失败后，又把自己陷入失败的泥淖中不能自拔，从此一蹶不振。

因此，我们要学会客观地评价自己。古人云：人贵有自知之明。要对自己有一个正确、全面、客观的认识，自己有哪些优点、缺点，有哪些成功的经验和失败的教训，都要有一个客观的认识，既不能盲目夸大，也不能缩小，要勇于接受现实，及时地摆脱挫折感，排除一切干扰自己心智的因素，积极主动地对待生活与工作。

在现实生活中，我们要善于运用幽默的力量。平时要有点"阿Q"精神，自我解嘲。当遭受挫折时，要以一种超然心态面对不公平的待遇，别夸张自己的不幸。用"塞翁失马，焉知非福"和"世界上不知有多少人与我一样，甚至比我更糟糕"等否极泰来的说法安慰自己。幽默是生活的润滑剂。用幽默来面对挫折、调整心态，可以让你更快地走出心理的困境，走出挫折的困扰。

人的一生，不可能春风得意，事事顺心。真的猛士，则可以操纵自我心智，跨越道道障碍，打破重重险阻，奋力前行！面对挫折能够虚怀若谷、大智若愚，保持一种恬淡平和的心境，这是彻悟人生的大度。挫折的到来往往是意想不到的，然而，这不期而遇的挫折往往又是一种赐予。任何挫折都是上帝包装好的礼物。你也并非不懂得换位思考，只是过于感慨理想与现实的反差，以至于常常忽略了那反差背后的恩赐。正视挫折，善待挫折，你能得到的会更多。

冷静是对待逆境的秘诀

常言说冲动是魔鬼。而只有理性和冷静才能使一个人在关键时刻不失去自己，做出更大成绩。

有人说："人生百味，苦、辣、酸、甜尽在不言中。"漫长的生命之旅，我们谁都难免会经历成功和失败，面对成功固然令人开心。但是，当你面前出现困难的时候，应该怎样做？是意志消沉、一蹶不振？还是冲动行事、不计后果？或者冷静思索、总结经验？相信所有的人都会毫不犹豫地选择后者。面对逆境时，除需要勇气、毅力、智慧与经验之外，更需要冷静。只有冷静才能发挥潜力，稳定步骤，才能对问题有清醒的判断。

人总是容易受情绪的影响，它就像有魔力一般能牵着你走，当你受它的控制却无法摆脱时，那么，它会狰狞狂笑地嘲讽你，这时你越怒气冲天就会更加深陷它的圈套不能自拔。其实，冲动是一种最无力也最具破坏性的情绪，它给人带来的负面影响可能远大于我们的想象。因为冲动，有人坐失良机而遭受挫折；因为冲动，有人铸成大错而抱恨终身；因为冲动，有人家破人亡而痛不欲生……所以我们在面对逆境时，一定要理智地分析眼前的一切事物，不可太过冲动，所以，千万不能让一滴水溅起一片浪花激在自己身上。正所谓伟人之所以伟大，关键在于：当他与别人共处逆境时，别人会失去理智，他却会头脑清醒地寻找出路。

冲动是魔鬼

在《史记》中有一段"灌夫骂座"的故事，它向后人深刻地阐述了一个道理：冲动是魔鬼。冲动行事，不仅可能导致失败，有时甚至会赔上自己的一条性命。

公元前131年，丞相田蚡娶燕王的女儿做夫人，太后下诏，让所有的列侯和皇族都去为他们庆贺。因窦婴尚为侯，当去贺，遂邀灌夫前往。

在宴席上，田蚡起身向大家敬酒时，所有的宾客都离开席位，跪伏在地上，表示不敢当。过了一会，轮到窦婴向大家敬酒，只有那些老朋友离开了席位，其余半数的人照常坐在那里，稍微地欠了下身子表示礼貌。看到这个情形，令灌夫很不高兴。

而后，灌夫向武安侯田蚡敬酒，武安侯没有起身，照常坐在那里，只是稍微欠了一下身子说："不能喝满杯。"灌夫火了，便苦笑着说："您是个贵人，这杯就托付给你了！"但是武安侯始终都不肯答应，灌夫没有办法。田蚡故意冷落窦婴、灌夫，这让灌夫怒气大增。

在灌夫向临汝侯敬酒时，他正和邻座的程不识附耳说话，也没有离开座位起身。灌夫没有地方发泄怒气，便骂临汝侯说："平时你把程不识说得一钱不值，现在我给你敬酒祝贺，你却像个女子一样只会在那咬耳说话。"武安侯对灌夫说："程将军和李将军都是东西两宫的卫尉，你现在当众侮辱他们两个，难道不给你平时尊敬的李将军留些余地吗？"灌夫说："就算是杀我的头，穿我的胸，今天我都不会在乎，还顾什么程将军、李将军！"

座客们纷纷找借口离去，都怕惹祸上身。这时窦婴挥手让灌夫出去，奈何武安侯不准，让骑士扣留了灌夫。窦婴起身替灌夫道歉，并按着灌夫的脖子让他道歉。灌夫正怒火中烧，坚持着不肯道歉。于是田蚡以此为借口，找来长史说要弹劾灌夫，说他不遵诏令，在宴席上辱骂宾客，乃是犯了"大不敬"之罪，更是下令把他囚禁了起来，并着手搜集他在颍川主政时的种种罪行。窦婴竭力为灌夫辩解。怎奈田蚡奸计丛生，说服王太后出面干预，结果不但没有保住灌夫全家性命，窦婴自己也被绑至渭城大街上斩首示众！

因为灌夫一时的冲动，不但赔上了自家性命，也成了窦婴之死的起因。冲动是魔鬼，由此而见。

人是理性动物，也是感性动物，虽然我们常常用思想和推理来控制行动，但实际上控制我们行动的常常是某一时刻的情绪。当我们身处顺境，可以达观相对，理智客观。但当我们受制于逆境时，在重压的影响下，我们在心理上往往会容易出现不平衡，我们会变得畏惧、焦躁、惊慌，这时我们的理智就会消失，容易冲动行事。我们作为感情动物的特征就会表现出来：如果受到攻击，不管攻击是自己预料到的或是没有预料到的，我们的反应常常充斥着愤怒、悲伤、背叛等情感。但越是冲动就越在泥淖中不能自拔。这需要我们以冷静的态度对待逆境，只有通过冷静客观的反应才能走出难关。

"我们航行在生活的海洋上，理智是罗盘，感情是大风。"这句话是英国一位世界级微生物学家蒲柏在谈到人的思想、行为和生活的关系时的精辟论断。置身逆境，顺流而下、逆流而上或岿然不动，都是一种对生命和人生的考验。而进入逆境之前或进入逆境后有处变不惊、安之若素的心理状态，则不是人人都有所准备的。在面对逆境时，要永远记得：冲动是魔鬼，只有理智和冷静才能打败这一魔鬼。

三思而后行

很多时候我们被逆境所击败，难道是我们没有能力抗击命运吗？不是，是我们缺乏面对困难的勇气和战胜困难的信念；是我们在面对逆境时，找不到最好解决办法的途径，我们往往被打击冲昏了头脑，不知理智与冷静为何物，结果错上加错，败上加败，终于无法挽回。所以，遇事要冷静，要客观地去看待事物，不要自以为是，多推敲。要三思而后行，不武断，不冲动，不极端。尤其在逆境的时候，更要这样。

面对逆境，我们的态度有积极和消极之分。积极的人生态度，在面对顺境的时候能够做到审时度势，牢牢把握有利形势，为自己的发展打开一条通道；积极的人生态度能够正面逆境，冷静分析逆境中所产生的原因，从而运用各种力所能及的力量来摆脱逆境。无可厚非，三思而后行就是面对逆境时最为关键的一种积极态度，是对待逆境的秘诀。

理查德·卡尔森的一条黄金规则是："不要让小事情牵着鼻子走。"他说："要冷静，要理解别人。"冷静处事，是一个人素质修养的体现，也是睿智的反应。人生不如意的事十有八九，一路走来，谁会没有过坎坷。更何况自己一介草民，凡夫俗子。生活里有许多逆境，它是生活中的偶然，但在冷静面前，偶然总会转化为令人快乐的必然。这是一种积极的处事态度。"态度是行为的表现。"古人云："有诸内，形于外。"态度的积极性，不单在于思想方面，还反映在行动之中，知而不行，并非真正的积极。在逆境中，才让人更懂得学会坚强，学会冷静地思考，学会清醒地认识每个人，并理智地对待每件事。这也许才是人生最大的财富。

冲动是血性的近义词，冲动过头的人注定难成大事。孔子的"三思而后行"教给了我们克服冲动情绪的法宝。如果我们能用冷静的态度去对待逆境，就可以理智地进行思考，就可以摸清它的来龙去脉，少走弯路，少些遗憾。在逆境中锻炼，在顺境中蓄积，再在逆境中成熟，这样的过程是理智的挑战、极限的冒险，而人总是在这个过程中不停的演变。知识和智力都不足以让你面对战争的硝烟，只有内心的自律和顽强才能让你表现得更理智，更冷静，才能让你在与逆境的斗争中处于上风。"三思而后行"并不是胆小怕事、瞻前顾后，而是成熟、负责的表现，是一种面对逆境的睿智。

换个角度"品"逆境

超越自然的奇迹大多是在对逆境的征服中出现，苦难与逆境是培育强者的最好土壤。

逆境是什么？相信许多人听到这一个问题，都会皱着眉头说，逆境就是人生的苦难，人生的不幸……那么，做如此回答的人，在面临逆境时肯定会为此所苦，不能自拔，意志消沉，进而带来更多的不幸。但是会有另外一种人给你一个全新的答案，逆境是上天的恩赐，逆境是一种幸祸……这样的人往往是生活中的强者，工作中的成功者。为什么会这样呢？因为换个角度看问题，你会得到完全不同的结局。

在波涛汹涌的大海中，有一艘船在波峰浪谷中颠簸。一位年轻的水手爬向高处去调整风帆的方向，他向上爬时犯了一个错误——低头向下看了一眼。当时的浪高风急顿时使他恐惧，两腿开始发抖，身体也失去了平衡，马上就要掉下来了。这时在甲板上有一位老水手大声地喊："向上看，孩子，向上看！"这位年轻的水手如抓到了救命稻草，马上老水手的话去做，终于重新获得了平衡，顺利地将帆调整好了。船驶向了预定的航线，躲过了一场灭顶的灾难。

其实，这个小故事就是要告诉我们，如果你能换个角度看问题，也许会有不同的视野，造成不同的结局。即使处在同一个位置，我们未尝不可从多个角度去分析事物、看待事物。就像我们每个人都希望自己一直好运一样，永远过着悠闲的生活，但换个姿势、换个角度想，其实，逆境与困难对我们才是真正重要的。因为，逆境是一个人的试金石，逆境造就人才是亘古不变的真理。

英国哲学家培根说过："超越自然的奇迹大多是在对逆境的征服中出现的。"我国古代早有"宝剑锋从磨砺出，梅花香自苦寒来"的名句。在历史上有作为的人物，都经过困难和挫折的磨炼。俄国著名的物理学家列别捷夫说得好："平静的湖面练不出精悍的水手；安逸的环境造不出时代的伟人。"

逆境可以让我们看到自己的不足与缺点，可以使我们总结经验和教训，能让我们好好思考谋划未来的人生之路。常思逆境可以明志，常想逆境可以致远，常念逆境可以警醒。总之，人生路途并非平川坦途，会充满风雨崎岖、险滩暗礁，一个人受不了委屈，经不起挫折，害怕困难，是不可能面对未来竞争激烈的大千世界的。正如巴尔扎克所说："苦难对于人生是一块垫脚石，对于能干的人是一笔财富，对于弱者是万丈深渊。"经受住逆境的考验，就要时刻铭记"艰难困苦，玉汝于成"的名言，用智慧和力量走出逆境，磨砺斗志，增强素质，锻炼自我，努力把握好人生路上的每一步，书写出辉煌的未来！只要换个角度看逆境，就会发现原来困顿中还是别有一番洞天的。

逆境是命运的恩赐

换个角度来看，逆境是命运给予我们的一种恩赐。有人说过，苦难是一所最好的大学。古今中外，凡有所作为的人，大都经历过苦难。并非每一次不幸都是灾难，早年的逆境通常是一种幸运。与困难作斗争不仅磨炼了我们的人生，也为日后更为激烈的竞争准备了丰富的经验。真正的人生需要磨难。狼群的存在使羚羊变得强健，而没有狼群的威胁，羚羊在舒适的环境下变得弱不禁风，一旦遭遇狼群，只有被吃掉。人也是如此，因为，磨难才能使自己变得更为强大，才能更加珍惜幸福。

一个人在逆境下，消极、委屈、叹惜、放弃、逃避是很正常的。你处于逆境时，很多视为朋友的人很可能会弃之不顾，冷嘲热讽，甚至于落井下石，这些也是正常的，因为他们不是你真正的朋友。他们这种"恶劣"的态度，也是构成逆境独特力量的重要部分。于是在这种逆境之下，极为少数的珍贵东西就会被提炼出来了。于己而言，你能在逆境中看到自己潜藏的能力，你会发现和感谢自己内心更加旺盛的积极、乐观和进取的那股力量。你能在逆境中分辨出真、假朋友，可以感受到他们对你的支持与安慰，给你阴暗的生活带来一丝光明。

霍勒斯说："逆境展示奇才，顺境隐没英才。"人生往往都是顺的时候少，不顺的时候多。这一点，就连那些出身高贵的旷世奇才也概莫能外。但也是逆境才让他们有震惊后世的成就。真正的强者能够正确地看待逆境，坦然地接受逆境，冷静地分析逆境。他们善于变压力为动力，在逆境中不断地充实和提高自己，一旦时机成熟，最终将会在逆境中化蛹为蝶。逆境是促使人成才的最好途径。

漫长的人生历程中，我们一路走来，不如意事常常十之八九。活着的意义不是追求一劳永逸，而是去用心体会生命中的苦与乐。当遭遇困境时，重要的不是发生了什么事，而是我们处理它的方法和态度，假如我们转身面向阳光，就不可能陷身在阴影里。顺境中的美德是自制，逆境中的美德是不屈不挠。付出不一定有回报，但努力了一定有收获。

其实，苦难是一笔最好的财富，换个角度想一想，苦难不正是对人的体魄、心理和思想素质的最好磨炼吗？这种磨炼能让人具备与逆境抗争所必需的条件，从而走出逆境，抵达成功的彼岸。面对逆境，如果只是一味地抱怨与生气，那么，你永远是个弱者。鼓起勇气，心存希望，全面分析自己的失误，坚持不懈地走下去，让自己成为一个强者，为自己争一口气。

病树前头万木春

曾有人做过这样一项实验：把一只青蛙冷不防地丢进沸腾的油锅里，千钧一发之际，青蛙拼尽全力如箭一般地弹跳出油锅，安然逃生；再把这只创造了奇迹的青蛙放进盛着同样多冷水的铁锅内，慢慢以炭火加热，但是，令人惊奇的是它反而不能逃离险境。这是为什么呢？原来是在刚回热的温水中，青蛙在惬意地游水，而没有面临危险的心理准备。等到意识到危险来临的时候，欲再使奋力一跃绝技时，却因懈怠和散漫已久，使它失去了爆发力，终不能逃过被煮的危险。青蛙这种在逆境与顺境中的不同表现与结局，给了我们很大的启示。

人总是在不断地面临着各种困境，这一点任何人都无法避免。有时我们会像故事中的青蛙一样，当为生活所困，艰辛所逼，困苦所迫，外来压力所袭击，不测世事所围时，有的人能爆发出连他自己都想象不出的力量来，于是摆脱困境就轻而易举了。古往今来，类似的事例不胜枚举：头悬梁，锥刺骨，囊萤映雪，凿壁偷光，程门立雪……都是面对逆境时的拼搏，都是在逆境面前取胜的典范。

俗话说：人无远虑，必有近忧。顺境容易让人产生倦怠的心理而毫无作为，就会面临像青蛙一样的结局。其实陷入逆境并不可怕，因为，逆境可让我们更加清醒，还给我们提供了大展才华的机会。要建立在逆境中奋斗的信心，要激发起崛起的意志，要有开拓进取的精神。无论遭受怎样的挫折，这些品质对我们来说都是不可缺少的。只要你做到了这一点，就会像掉入油锅里的青蛙一样，奋力"腾跃"，这时再回首就会发现："沉舟侧畔千帆过，病树前头万木春。"

张伯伦说，除了通过黑夜的道路，人们不能到达黎明。逆境，是强者的必然关口。没有逆境的苦难，哪有强者的战场；没有战胜困难的过程，又哪有胜利成功的喜悦。我们常常惊讶，日本是一个很小的岛国，国土狭小，资源匮乏，还随时有天灾的威胁，但为什么在这样的环境中他们还能有如此迅速的发展呢？正是因为日本全民每时每刻都面临着逆境，才让他们有了强烈的忧患意识，于是，日本人疯狂地工作，疯狂地学习，在这样的情况下，日本人的国力就得到了快速的提升。正是逆境给了他们前进的动力，而走过逆境之后，迎来的即是一片欣欣向荣。其实，这个世界充满了竞争，也就是说，这个世界充满了生机和活力。生活中、工作中，如果我们能常怀乐观的心态，正确地对待逆境和顺境，我们一定能从容自如、放眼长远。

可以说，人类的发展史就是与逆境的搏斗史，没有逆境的磨炼，就不会有今天的成就，甚至于不会有今天的人类。正因为有了狂风暴雨与烈日苦寒的临头，人类才有了从洞穴、土垒、木屋到今天的高楼大厦的创造；正因为有了野兽的威胁、敌人的侵袭，才有了从木棒石斧弓箭到现代武器的替代……如果没有这些，也许人类还处于猿人的状态，而无法得到进化。所以，我们换一个角度"品"逆境，这时我们就会感谢逆境，因为它是一种动力，一种需要引发与打破、创造的动力。

人要学会走路，也要学会摔跤。当困难、不幸、挫折来临的时候，我们不妨换个角度来看待问题，人生的逆境对人是一种难得的历练，挫折往往也是好的开端，你只需要大胆地打破自设的心理牢笼，以积极的心态顽强的毅力和必胜的信心去努力拼搏，在困境中执着地坚持住，唱出最美丽的歌声，命运的掌声终会响起……这就是逆境，一种成就强者的人生境遇。记住：你今天的多灾多难，就是你明天的财富。

厄运之后见幸运

我们可以看到，在日常生活当中，有许多人经常以自己的或得或失来衡量事情的好与坏，有些人每天都为蝇头小利时乐时忧。然而，由于人们看到的只是事情的表象，有许多事情其实无法立刻判定是福是祸。老子说过的一句很有名的话就是："祸兮福之所倚，福兮祸之所伏。"这就是说，祸是造成福的前提，而福又含有祸的因素，它们并不是永恒不变的。在一定条件下，好事和坏事是可以相互转化的。得到未必是福，失去也不一定是祸。没有挫折就不会有智慧，没有付出就难以有收获。

人生总是有起也有落，有幸运也有厄运的。在人生之路上，若有峡谷千万不要退缩，攀爬过去就是顶峰，好领略那一览众山小的境界。在人生之路上若有高墙就去翻越它，翻过去就是一马平川的原野，好去享受那放浪形骸之外的自由。厄运并不总是致命的，厄运也并不总是长久存在的。生命是一种循环的过程，好事变坏事、坏事变好事的情况经常发生。有时候，厄运甚至就是一种幸运，一种难得的契机，因为，它逼着你不得不选择走另一条路，当你一旦踏上了一条新路，成功可能就在向你招手了。厄运之后见幸运就是这个道理。

塞翁失马，焉知非福

老子的话向我们传达了一个唯物主义的观点，在千百年来的发展中，人类从中悟出了许多道理。汉朝有一部叫《淮南子》的书，这部书的内容很多是根据老子的思想写成的。其中有一个"塞翁失马"的故事，很生动地说明了这个道理。故事是这样的：

从前，有位老汉住在与胡人相邻的边塞地区，来来往往的过客都尊称他为"塞翁"。老翁精通术数，善于给人算卜过去和未来。生性达观，为人处世的方法也与众不同。

有一次，老翁家的一匹马，无缘无故挣脱羁绊，跑入胡人居住的地方去了。

邻居们得知这一消息以后，纷纷表示惋惜。可是塞翁却不以为意，他反而释怀地劝慰大伙儿："丢了马，当然是件坏事，但谁知道它会不会带来好的结果呢？"几个月后，那匹丢失的马突然又跑回家来了，还领着一匹胡人的骏马一起回来。邻居们得知，都前来向他家表示祝贺。并夸他在丢马时有远见。然而，这时的塞翁却忧心忡忡地说："唉，谁知道这件事会不会给我带来灾祸呢？"老翁家畜养了许多良马，他的儿子生性好武，喜欢骑术。塞翁家平添了一匹胡人骑的骏马，使他的儿子喜不自禁，于是，就天天骑马兜风。有一天，他儿子骑着烈马到野外练习骑射，烈马脱缰，把他儿子重重地甩了个仰面朝天，摔断了大腿，成了终身残疾。善良的邻居们闻讯后，赶紧前来慰问，而塞翁却还是那句老话："谁知道它会不会带来好的结果呢？"

又过了一年，胡人侵犯边境，大举入塞。四乡八邻的精壮男子都被征召入伍，拿起武器去参战，结果十有八九都在战场上送了命。靠近边塞的居民，十室九空，在战争中丧生。而塞翁的儿子因为是个跛腿，免服兵役，所以，他们父子得以避免了这场生离死别的灾难。因此，福可以转化为祸，祸也可变化成福。这种变化深不可测，谁也难以预料。

后世有许多人对这个故事进行了评价和引用。宋魏泰《东轩笔录·失马断蛇》："曾布为三司使，论市易被黜，鲁公有柬别之，曰：'塞翁失马，今未足悲，楚相断蛇，后必有福。'"陆游《长安道》诗："士师分鹿真是梦，塞翁失马犹为福。"后来又发展为"塞翁失马，焉知祸福"。这则哲理被世人频频应用，用来说明世事无常、或因祸得福，好事变坏事。

由此，我们可以看出，人生是在不断变化的，而我们的境遇也是在不断地变化的，好运与厄运都不是绝对的，在一定的条件下，可以向着相反的方向发展。所以，不管在怎么样的境遇下，都要保持一种平和乐观的心态。古诗中说："山重水复疑无路，柳暗花明又一村。"做事情成功之时，无须洋洋得意；碰到困难与挫折之时，也不必灰心丧气。拉罗什富科说过"幸福后面是灾祸，灾祸后面是幸福"，对待事物，我们要以发展的眼光去看待，目光短小者，看到的是无望，而目光远大者，看到的是希望。如果不执着问题的表象，用另外一个角度来冷眼看人生，那么，得失也就不必在短时间内立即判断，因为，所有的问题中都潜藏着机会。

失之东隅，收之桑榆

曾经看过这样一个趣味小故事：布劳先生的汽车被偷了。他的朋友们都对此表示深深的遗憾，安慰他不要伤心。许多人都认为布劳先生损失惨重，因为除了车子本身外，上面还在许多的重要文件。但是后来，他们都慢慢地改变了这种想法。

小偷偷了布劳先生的汽车，布劳先生得知了偷车贼是谁后，和小偷友好地往来，经过两人的协商，小偷送还了他急需的重要文件，他按约转交了汽车的全部证件，这样，小偷名正言顺成了车的真正主人，许多人都为布劳先生叫屈，认为这太不公平了。

但没过多久，事情就发生了戏剧性的转变。小偷要向税务局交汽车税；要向保险公司交保险费；后轮胎破了，他要换轮胎；汽车耗油量大，他要买大量的汽油；还得换掉坏了的阀门、刹车，还得修理车篷；还没有可供停放的车房……小偷真是被这辆车害惨了，弄得他身心疲惫。后来，小偷终于受不了，给布劳先生写了一封令人啼笑皆非的信，说他想倒贴一笔赔偿费，将汽车还给布劳先生。

但布劳先生却回了一封让人大跌眼镜的信，在信上布劳先生说："不，我不能接受你的条件。首先，我要感谢你偷走了我的汽车。正因为如此，让我懂得了上帝为什么给我两只脚。我重新开始步行，过多的脂肪已经掉了好几磅，心脏跳动也恢复了正常，我完全忘记了心血管病是怎么回事儿，我不再看病，经济状况也大有好转……现在就算你要去法院告我，我也拒绝接受被盗的汽车！"

试想没有小偷盗车，布劳先生也许还在受各种疾病的缠绕，这对于他来说未尝不是一件好事，是另一种收获。故事毕竟是故事，让人觉得是那么的不现实。但是，哲理故事存在的意义就是要让人们从中悟出人生的一些哲理，在笑声中得到深思与成长。人的一生中不可能总是一帆风顺，不遭受损失。有所"失"给人带来的是沮丧、懊恼、失望、空虚、悔恨、自责、悲观等负性情绪，虽为正常心理反应，但若持久存在，则有害于身心健康。因此，一个人在遭受挫折和失败的时候，"塞翁"式的态度是很有用的。塞翁失了马，而马不仅回来了，还带着一匹野马，儿子骑马摔断了腿，却因此不用参军，捡回了性命。在这一连串的变化中，塞翁到底是该喜还是悲呢？世事的变化是捉摸不透的，不该一味地喜或一味地悲，而要以辩证的、长远的眼光去看待问题。在日常生活中，如弄坏了一件心爱之物，心中痛惜，说句"旧的不去，新的不来"，可以减轻懊悔；丢了一笔钱，说句"破财免灾"会轻松一些。不管面对的是福是祸，我们都要正确面对，长远看待，切不可迷惑于一时的现象，要知道，塞翁失马，焉知祸福。

俗话说：失之东隅，收之桑榆。生活在为你关闭一扇门的时候，总会再为你打开另一扇窗。关门开窗总是有生路，应该说毫无疑义的，但生活中往往有很多人在遇到挫折和困难后感到悲观失望。其实，这也很正常，社会的复杂，人与人之间交往的烦恼，生活的困苦都会让有些人失去信心，他们往往忘记了关门和开窗的必然性。机会可能就在开窗之后，为什么非要去计较门是否开着呢？厄运并不是必然的、绝对的。你在这里失败，也许就会在另一个地方有所成功、有所收获，就像在厄运中你会得到更多的经验教训，这为你以后的成功积累了必不可少的财富。那么，这未必不是一种幸运。遇到困难和挫折不要紧，关门开窗、关窗开门，你总会有得失。

世界有无数种可能，但就具体的某件事来说就只有两种可能，一种是好，一种是坏；一种是成功，一种是失败，各占百分之五十的可能。面对成功和得到，大部分的人都会心情愉悦，更有甚者会得意忘形；面对失败和失去，也有很多人会心情抑郁，更有甚者会萎靡不振。其实，对于失败我们大可不必这样，处在逆境和不得志中的人们应该可以相信，成功对于你们来说和那些成功者都有百分之五十的可能，只要我们能摆正心态，不向厄运和失败低头，不断地拼搏，坚持不懈地努力，那么，这百分之五十的希望就可以实现了。这也就是我们经常所说的"能成大事者"。

厄运之后见幸运。因此，不论在什么时候发生了什么事情，你都要记住：厄运与幸运往往是交替出现的。面对幸运时，应及时把握，但是在面对厄运时，也要学会利用它，要当机立断地采取行动，将厄运的影响降低到最小，并努力摆脱它所带来的阴影，让生命开始新的征程。一次失败就是一次假期，乐观豁达之人都懂得享受假期而不会埋怨他人，反而利用这种机会休养好自己的身心，冷静地思考人生、总结经验。即使是遇到了最坏的状况时，也应该看到人生处处隐藏着令人意想不到的机会，也许厄运就是一次转机，只要积极面对，我们会迎来更加美好的人生。思考，勇气，再加上努力的行动，厄运就会对你无可奈何，而幸运就会经常光顾于你。持续的努力总会给你带来丰硕的成果，幸运的真正来源就在于此。这就是成功的秘密。

胜不骄败不馁，笑对人生

只有得意时能平静如水，失意时能沉着坚挺的人，才能以微笑的姿态书写人生。

古人曾说过："胜者不骄傲，败者不气馁。"所谓"胜不骄"，就是享受胜利，但不能满足于暂时的胜利；所谓"败不馁"，就是直面失败，不放弃寻找渡过难关的有效办法，这是面对成败的一种心态。一位哲人说："你的心态就是你真正的主人。"一位伟人说："要么你去驾驭生命，要么是生命驾驭你。你的心态决定谁是坐骑，谁是骑师。"成功者不应表现得自己仿佛高人一等，而失败者不应该失去学习的信心，悲叹自己的前途。

《商君书·战法》记载："王者之兵，胜而不骄，败而不怨。"人生是不断进取的过程，每个人都会不断面对一个又一个挑战，而这样的挑战可能越来越严峻艰难，因此，仅仅沉醉于暂时的胜利是愚蠢的；失败也是在所难免的，但是我们允许失败，甚至不止一次地连续失败，但是我们所鄙弃的是放弃，是对失败低下你高贵的头。不管面对成功或是失败，我们需要的只是不断进取的精神，即所谓的"胜而不骄，败而不馁"，一直不断地拼搏。要知道，古今中外，凡是有所发明、有所创造、有所前途的人，都与"胜不骄，败不馁"有着直接关系。被人们誉为"发明大王"的爱迪生，从不因自己的发明项目问世而有丝毫的骄傲。相反，他每次把胜利都看作是向科学进军的开始，而对自己成功路上的失败也从来没有气馁，只是不断地从中汲取经验、教训，直至成功为止。

胜不骄，败不馁，笑面人生，营造成功的人生。

骄兵必败

面对成功，能否有一个平和、正确的态度，对于一个人来说是至关重要的。

成功的滋味是甜的，每一个人在尝到成功的滋味时总避免不了骄傲，但你因为骄傲而过于放纵自己，这已预示着下一个成功正离你远去。所以说骄傲是成功的绊脚石，它会使你与下一次成功告别。这是历史发展千百年来，用血泪总结出来的教训。古今历史上有不计其数的人已验证了这一道理，不仅因骄傲埋藏了已得的成功，更有甚者付出了血的代价。如：曹操与周瑜的赤壁之战中，曹操仗着自己的兵多而骄傲轻敌导致自己最后全军覆灭；刘邦轻敌导致"白登之围"……更多的事例都在向我们证明，骄傲是成功的大敌，胜不骄乃成大事者必备的素质。

公元前200年，刘邦御驾亲征去平叛匈奴，随行的主要谋士是陈平、娄敬，将领有樊哙、夏侯婴、周勃等。刘邦破韩王信于铜醒，击败匈奴和韩王信军于晋阳等地，转入追击。

那时正逢寒冬，可是，身在温暖如春的晋阳宫的刘邦，却轻视这项灾难。当时，刘邦正驻扎在晋阳，汉军连连得胜，他不免对匈奴起了轻视之心，又闻知匈奴冒顿单于居代谷，便派使者前往侦察。为了引诱汉军北进，冒顿单于在汉使者到来时，将精锐士兵和肥壮牛马都隐藏起来，以老弱示于外。刘邦怕士兵侦察有误，又派娄敬到匈奴营地去刺探。娄敬回来说："我们看到的匈奴人马的确都是些老弱残兵，两个国家一旦决裂，敌国一定会夸张他的强大。可是，我在匈奴那里看到的，却全是老弱残兵，我认为冒顿一定是把精兵埋伏起来，陛下千万不能上这个当。"刘邦不信，便把娄敬关了起来。

刘邦亲率两三成骑兵突进。但当一队人马刚到平城，原来的老弱残兵全不见了，栾提冒顿倾全国精锐40万骑兵，乘刘邦巡视白登之时，把白登团团围住，水泄不通。时值冬季，天降大雪，久在中原作战的刘邦部队根本没有在这种气候条件下作战的经验，加之军需补给供应不上，非战斗减员也十分严重。汉高祖拼命杀出一条血路，退到平城东面的白登山。刘邦被困白登七日七夜，最后，采取了陈平的计谋，厚赂冒顿单于的阏氏（皇后），才得以逃脱。

《汉书·魏相传》中这样一段论述："恃国家之大，矜人民之众，欲见威于敌者，谓之骄兵，兵骄者灭。"这就是骄兵必败的一个典型事例，本来刘邦处于优势，却在成功时过于骄傲轻敌，反而导致了最后的失败。这一妇孺皆知而又深富哲理的成语名言，之所以流传千年，并成为人们大到治国安邦，小于修身养家的原则训诲，在于它显而易见又奥妙至深的道理。无论如何伟大的成功，在骄傲面前都会不堪一击。

有这样一个寓言故事，一个猎人能捕获各种动物，却始终不能捕获狡猾的狐狸，往往他刚端起枪，狐狸就跑得无影无踪了。一天，猎人带足了弹药，在狐狸经常出没的地方准备与它一决高低。

狐狸果真来了，它清楚地知道这次猎人的目标是自己而不是别人，但是这一次它反而没有跑开。因为，它太过于相信自己，相信自己以前的成功逃脱纪录。狐狸做了个假动作，猎人果然开枪了，把它面前的土打得乱飞。狐狸为自己的计谋得逞而哈哈大笑："嘿，就你这点水平，竟想打我？笑话！"猎人没理会狐狸的嘲笑，继续射击，但总是被狐狸躲过了，越是这样，狐狸越发骄傲。它顺势将身边的一块石头推了下去，猎人以为是狐狸逃跑了，急忙去追，却被一盘草绊了一下，跌了一个大马趴。猎人的脑门肿起一个大包，手也有些颤抖，满身草屑，十分狼狈。狐狸站在岩石上，笑得合不拢嘴，它一边高兴地跳着舞，一边大叫道："哈哈！凭你的枪法是打不中我的。你的子弹快用完了吧，我还等着你的挑战呢！"

猎人看了它一眼，边上子弹边说："你可以嘲笑我，因为，我确实难以打中你。即使如此，我失误一次，也只不过是损失一颗子弹；而你只要一次失误，损失的就是你的生命。"狐狸害怕了，它也意识到了自己的错误，想要马上逃走，但是刚才蹦跳的时间太长了，现在手脚还是酸软的，就在这时猎人扣动了扳机，子弹射中了狐狸的心脏。在临死的那一刻，狐狸后悔地说："我本有机会逃走的。"骄兵必败！《孙子兵法》说："知己知彼，百战不殆。"骄傲的人，不能深刻地认识自己，不能客观地看待对手，往往自我感觉良好，甚至感觉很好，踌躇满志，疏于防范，自高自大，忘乎所以，一旦被对手抓住软肋，击中要害，便会猝不及防，一败涂地。在任何时候我们都不能骄傲，更不要得意忘形，被眼前暂时的乐观形式冲昏头脑。在情况越有利于自己的时候，我们越应该提高警惕，以免发生意料之外的情况。要像世界乒乓球冠军邓亚萍所说的那样："一切从零开始，永远从零开始。"如果不是她这样的精神，她怎么可能一次又一次地取得冠军呢？要知道成功只属于过去，不代表明天。

俗话说"打江山容易，守江山难！"如何能在变化莫测的人生中，保住这一份成功，争取走向更大的胜利，这是我们每个人都必须考虑的问题。胜不骄，就是要我们更加地努力，而不是依旧沉迷于昨天胜利的喜悦中。骄兵必败。骄傲使人落后，骄傲使人失败，这是千古不变的真理。

败而不馁，就是胜利

作为茫茫人海中的一个普通人，作为芸芸众生中的一个平凡人，命运注定我们必然会经历失败。这属于天经地义，也在意料之中，而如何面对失败则是对人的一场考验。漫漫人生路上，我们会遇到各种险滩沼泽。进，罹难；避，懦弱。只有正视失败方能毅然向前。唯有强者，才会理智地善待失败，并从失败中吸取教训，以利再度崛起。败而不馁，终会取得成功。

在成功的道路上失败是难免的，但我们不能在失败中倒下，要学会从失败中站起。伟大的发明家爱迪生在一次新发明的试验过程中，共失败了8000多次，但他仍然乐观地说："失败正是我所需要的，8000次失败，起码让我知道了有8000个办法行不通。"诺贝尔、居里夫人的成功是怎样取得的呢？他们的成功都是经历了无数次的失败才取得的。许许多多的科学家，都是经历了无数次的失败而取得科学研究上的巨大成功。因此"失败是成功之母"这句话是千真万确。医学科学家乔纳斯·索尔克博士，经过201次实验后终于发现了脊髓灰质炎的疫苗。面对成功，索尔克博士说："我这一生中从来没有经历过200次失败，在我的字典里从来不用'失败'这个词来思考。前200次尝试增加了我的经验，让我学到很多东西；没有前200次的学习，我不可能得到这样的结果。"人要成功，就必须要经过失败的磨砺。失败是成功的阶梯，失败是成功的桥梁。只有经过失败的人，才能深刻地体会到成功的喜悦。既然通向成功的道路不是平坦的，那么，我们就不要因惧怕而逃避失败。

面对失败，最重要的是做好心态的调整，不气馁、不消沉，为成功而努力，这才是强者所为。如果你一遇到失败就"退避三舍"，那么，你将会陷入更大的失败和极度的苦闷之中，你将永远看不到成功的曙光。如果你毫不退缩、勇敢地面对它，你会惊异地发现，失败原来也是一种收获，是酝酿成功的肥沃土壤。其实，成功就是比失败多爬起来了一次。一位苏格兰王子在看蜘蛛结网时突然明白了人生的真谛。可怜的蜘蛛结一次不成，就掉下来一次。屡败屡战、屡下屡上，直至掉下来七次，终于结成了网。其实，我们的人生也是如此，总会面临着许多的危机与失败，成功与失败从来都是交替进行的，但是最终的成功者只是比失败者多试了一次。古今中外哪一个有成就的人不是经历了无数次失败，在失败的泥坑中爬起来，然后行色匆匆一如既往的呢？对他们来讲，一千次的失败，只能是第一千零一次地站起来。只要你能够站起来，你的倒下就不算是最终的失败，这就意味着一个深刻的道理，败而不馁，就是胜利。

1954年，强大的巴西足球队认为自己能夺得世界杯的冠军，然而，他们却在半决赛中意外地失败了。球员们悲痛至极，他们做好思想准备，以迎接球迷的辱骂、嘲笑和汽水瓶。要知道足球可是巴西的国魂。飞机进入巴西领空，他们坐立不安，因为他们的心里清楚，这次回国凶多吉少。但是，令所有球员惊讶和感动的是，总统和两万多名球迷安静地站在机场上看着他们，总统和球迷共同举着一个巨大的横幅，上面写着：失败了也要昂首挺胸。这令队员们万分感动，顿时泪流满面。于是他们没有向失败低头，积极地训练，终于在四年后的世界杯赛上重新捧回了冠军。只要你在跌倒处爬起来，昂起头，挺起胸，继续拼搏，顽强开拓，生命的吉他就会奏出欢快的音符，奉献出迷人的旋律。

拥有良好的心理素质，是要在日常生活中注意胜不骄、败不馁——当你取得成功的时候，决不可骄傲；而遇到挫折与失败后，决不能气馁。无论做什么事，干什么工作，都应该采取这种态度。成功是一时的，失败是正常的，不要在鲜花与掌声中迷失，在风雨和黑暗中沉沦，这些态度都是一个真正成功的人士所不应该有的。别陶醉于成功的降临，也别屈从于失败的侵袭；成功时多点警醒，失败时多点从容，笑对人生！

哀莫大于心死，乐观看逆境

人人都是自己最好的医生，你能使自己痛苦，也能使自己快乐，生活的主宰者就是你自己。

在漫长人生的旅途中不可能是一帆风顺的，有坦途就会有坎坷。每个人在成长的过程中，都会遇到挫折和磨难，都会有顺境和逆境。有的人面对逆境，靠智慧和勇气奋力跋涉，到达理想的彼岸；有的人则陷入万丈深渊，难以自拔，最终成了逆境的俘虏。不可否认，逆境总会给我们带来不幸，对我们的打击也是很大的，才智和胆魄会受到一定的摧残，常常使我们的心灵上产生恐惧、犹豫。有人因此而一蹶不振、有人自甘堕落、有人改弦易辙。面对逆境，不同的人会有不同的态度，然而不同的态度常常又注定了不同的命运与人生。常言说，哀莫大于心死。当一个人的心态消极了、堕落了，成功也就无从谈起了，所以注定失败，无路可逃。

成功者，总有积极乐观的人生态度。他们从不把逆境视为人生的不幸，而将其看作是一次机会，一次挑战。遇到挫折时，总能客观全面地分析，既不把责任全推给别人，也不对自己妄自菲薄；既不过分执着，也不会不以为意；既能深刻反思，更能继续努力。孔丘因困厄运而写《春秋》，屈原因被贬而赋《离骚》，司马迁因遭宫刑而著《史记》，乐观者在逆境中往往能获得比顺境更为伟大的成功。生活中免不了的挫折，总伴有各式各样的矛盾。如果乐观对待，挫折打击就会减小，矛盾的困惑就会减弱，等浮云飘过，依然是蓝蓝的天、绿绿的山。法国作家巴尔扎克说过："挫折就像一块铁，让你却步不前；而对强者来说，却是垫脚石，使你站得更高。"只要你乐观看待逆境，就像站在巨人的肩膀上，能够看得更远。

逆境是磨炼人的最高学府

有这样一个故事：有一个企业家坐在餐厅的角落里，独自一个人喝着闷酒。

这时，有一个热心人走了过去，想帮他，问道："你看起来相当烦恼，一定是有了什么很难解决的问题，你不妨把它说出来，看我能不能帮你的忙？"企业家看了他一眼，冷冷地说："我的问题太多了，没有人能帮我的忙。"这位热心人立刻掏出名片，要企业家明天到他的办公室去一趟。企业家虽然不相信他能够帮自己，但是出于好奇，第二天还是如约而至了。这位热心人说："走，我带你去一个地方。"企业家不知道他葫芦里卖的是什么药。热心人用车子把企业家带到荒郊野地。企业家对此非常纳闷，不知所为何意。热心人指着这里的一个个坟堆说："你看看吧，只有躺在这里的人才统统是没有问题的。"一语点醒梦中人，企业家顿时明白了，所有的不快也随之消逝。

人生在世，短短的几十年，弹指之间，就从黄口小儿变成了耄耋老人。而在这短短的几十年中，真正能开怀大笑的日子又有几天？逆境是必然的。没有人一生都是一帆风顺的，任何一个人随时都会遇到逆境，逆境是磨炼人的最高学府。因为为了实现理想，不仅要克服衣食住行上的困难，还要突破思想上的束缚，越是追求更高境界的理想，就越是需要超越更高层次的逆境，而每次超越都意味着更高一层的自由与提升，就更加接近成功。这种逆境观，几乎是历史上所有伟人巨子成功的基石。

并非我们偏爱逆境，而是逆境客观存在，应当懂得世上不存在没有矛盾、没有艰难的"理想国"，所谓的"乌托邦"和"世外桃源"只存在于思想家和文学家的空想中。逆境是为不畏逆境的人而设的，它所阻挡住的，在它面前跌倒在地的只是那些凡俗的庸人而已。一个真正的成功的人是不会害怕逆境的。英国的病理学教授贝弗里奇说："人们最出色的工作往往是处于逆境的情况下做出的，思想上的压力，甚至肉体上的痛苦都可能成为精神上的兴奋剂。"逆境的后面只有两个结局：一个是失败，一个是成功。战胜了逆境，人生就踏上了成功的坦途。而在逆境面前退缩了，便只能以失败抱憾终生。

凡是生活在世上的人，面对逆境是在所难免的。但是存在问题并不可怕，只要我们活着，就有成功的希望。最重要的是要能够调整自己的心态，敢于乐观地面对，正视问题，解决问题，那么逆境过后又是顺境了。

乐观带来的"柳暗花明又一村"

逆境商数就是当个人或组织面对逆境时应对挫折、逆境的能力。一项科学研究发现，对逆境持乐观态度的人表现出更具攻击性，会冒更大的风险；而对逆境持悲观反应的人则会消极和谨慎。一个人逆境商数愈高，愈能弹性地面对逆境，积极乐观，接受困难及挑战，愈挫愈勇，终究表现卓越。相反，逆境商数低的人，则会感到沮丧、迷失，处处抱怨，逃避挑战，缺乏创意，往往半途而废，终究一事无成。逆境商数反映在自信心方面，自信的人逆商较高，在逆境中往往保持乐观，也更容易达到成功。

有些人会常常自问："我为什么总是遇到困难？各种的困难阻碍总是源源不断，好像没完没了。困难似乎会引来更多困难，灾难也似乎招致更多的灾难，由生活引起感情的问题，而由感情引起工作的危机……种种的不幸似乎没有止境般困扰着我，为什么？"

其实，所有事件背后的罪魁祸首便是悲观的人生态度，这是我们常常与之搏斗的敌人。只要你勇敢地过了逆境就会有顺境在你的下一步。如果把人生比喻成一场马拉松比赛，起跑时的领先不算赢，唯有坚持到底跑完全程的才是大赢家。

在面对人生的困境时，我们的态度才是最为关键的。有的人可以在逆境中奋起成长，有的却只能消沉待亡，走向更大的失败，这在很大程度上都是由对待事情的心态决定的，甚至可以决定我们一生的遭遇。一个人在潜意识里认为自己是什么样的人，那么他很快就会知道自己应该成为什么样的人，并且最终也会按照自己的想象去塑造自己。如果他从心里面觉得自己能战胜逆境，并将其转化为一种动力，用乐观自信的态度去挑战困境、用达观快乐的心情处理逆境问题，那么就能很好地推动自己迈向成功。

当今世界是一个尊崇勇气和胆量的世界，缺乏远大志向的人和畏惧困难的人会让人轻视的，乐观预示着一个人是否能够成为一个成功的立体人。但是，通常我们在心情低潮时都会忘了，你我内在还存有一股力量源泉可以应付每一种情况；我们遗忘了一个非常简单的事实——一切都很美好，在此时，在人生的每一刻。纪伯伦说："当你背向太阳的时候，你只会看到自己的阴影。"所以，让我们选择以乐观的态度来面对生活，只有这样，我们才能发现生活中美好的一面。如果我们觉得眼前是美好的时光，生命就变得光明、喜悦；反之，如果觉得此刻沉重难熬，心情也就低落沮丧了，所以若想改变逆境唯有乐观面对。

其实，在我们面对逆境时，绝大部分的惧怕都是没有存在理由的，往往是人们对自己缺乏信心而造成的。例如在面对困难时表现出情绪低落、畏惧困难、恐慌等。而成功的大敌就是悲观、失望和放弃。当你被悲观和失望缠身时，就会对自己没有信心，丧失成功的机遇。所以，乐观，是走向成功必不可少的一种品质。乐观，就能以幽默的眼光看待不愉快的事情；乐观，就能在困难中看到光明，在逆境中找到出路；乐观，就能发挥自己的特长，激励自己的热情，挖掘自己的潜力；乐观，就能感染周围的人，得到他们的帮助和支持，为你争取一切成功的力量。

有位哲人曾经说过："你不可能碰到一个从来没有遭受过失败或打击的人。"其实，逆境并不可怕。可怕的是自己被逆境、厄运击倒，思想上解除了武装。而且人们成就的高低，和他们遭到失败和打击的承受能力成正比。真正伟大的成功者，往往是经历了人生的种种磨难，坚强地渡过了各种难关的人。鲁迅先生指出："伟大的胸怀应该表现出这样的气概：用笑脸迎接悲惨厄运，用百倍的勇气来应付一切的不幸。"英国学者培根说："奇迹是多在厄运中产生的。"厄运孕育契机和希望。每一次逆境中都隐藏着成功的契机。就像一颗种子，需要勇气、信心及创造力，才能萌芽成长并且开花结果。

许多逆境往往是好的开始。有人在逆境中成长，也有人在逆境中跌倒，这其中的差别，在于人是如何看待。既然如此，我们怎么能在逆境面前悲观绝望呢？厄运同任何事物一样，具有二重性：一方面能摧残人的意志，扼杀人的才能；另一方面也能激励人们顽强地抗争与搏斗，把人磨炼得更坚强。只要我们面对逆境不消沉，乐观地面对，把潜藏在我们深处的能量调动起来，那么就能够创造出前所未有的奇迹。正如古人所说："容一番横逆，增一番气度。"站起来便能成就更好的自己；硬是在地上赖着，自怨自怜悲叹不已的人，注定只能继续哭泣。乐观是摆脱逆境的航向标，只要我们敢于挑战，就能驶向美好的明天。古语有云"柳暗花明又一村"，只要走过逆境，生活就会更加美好。

人人都是自己最好的医生，你能使自己痛苦，也能使自己快乐，生活的主宰者就是你自己。在生活中，如果你没有被逆境所吓倒，反而用一种乐观的态度去面对，把它们想象成理所当然的，那么你就极有可能把逆境变成了顺境的前奏。面对逆境，调整心态，做自己最好的心理医生，在逆境中成长，在成长中成事。

第七章 眼光长远，你能看多远才能走多远

事物都是不断向前发展的，我们也是在岁月的流逝中不断进步的。或许，现在我们很贫穷，但不代表我们以后不会富甲天下；或许我们暂时学识很少，但不代表以后我们不会学富五车，才高八斗。用发展的眼光看自己和周围的一切事务，人生充满未知数。

用发展的眼光看自己

我国汉代著名学者承宫出生在一个穷苦贫寒之家。父母一年辛劳忙碌，全家人只能勉强糊口，过着饥寒交迫的生活，终日挣扎在温饱线上。

承宫七岁那年，该读书了，但他只能眼巴巴望着左邻右舍的孩子欢天喜地进学堂——饭都吃不饱，父母哪来钱供他上学呢？

不仅上不起学，小小年纪还要分担家计重担，去替人放猪。

为这事，他不知偷偷哭过多少回。

不久，同村的学者徐子盛先生开办了一所乡村学堂。承宫放猪每天都要从那里经过。起初，他每次路过学堂，只敢望几眼学堂大门，竖起耳朵偷听一会儿里面的读书声，然后就赶紧离开。渐渐地，承宫在学堂附近停留的时间越来越长，最后竟不由自主地来到学堂门口，偷听先生讲课，听学童读书，常常听得入了神，把猪都忘了。

终于有一天，承宫在学堂门口听讲，没有照看好猪，让猪跑散了几只。东家寻来，不由分说，一顿毒打，打得小承宫鼻青脸肿，哭叫不止，哭声委屈哀切。

正在授课的徐子盛先生闻声跑了出来。当得知事情缘由后，先生便对东家说："怎么能这样对待一个爱读书的孩子呢，像对盗贼一样残酷无情？从今以后，他不再为你放猪了，你请另雇他人吧！"说完，将小承宫领进了学堂。从此，承宫就被收留在徐先生门下。他一边帮老师做杂活，一边随课听讲，并抓紧一切空余时间读书。他的学习成绩总是名列前茅。数年后，承宫读遍了先生的所有藏书，并写得一手好文章，远近闻名。

承宫最后成了一名在学术上有很深造诣的学者而名垂青史。

还有一个三国时的吕蒙的故事。吕蒙是三国时东吴将领，英勇善战。虽然深得周瑜、孙权器重，但吕蒙十五六岁即从军打仗，没读过什么书，也没什么学问。为此，鲁肃很看不起他，认为吕蒙不过草莽之辈，四肢发达头脑简单，不足与谋事。吕蒙自认低人一等，也不爱读书，不思进取。有一次，孙权派吕蒙去镇守一个重地，临行前嘱咐他说："你现在很年轻，应该多读些史书、兵书，懂的知识多了，才能不断进步。"

吕蒙一听，忙说：

"我带兵打仗忙得很，哪有时间学习呀？"

孙权听了批评他说："你这样就不对了。我主管国家大事，比你忙得多，可仍然抽出时间读书，收获很大。汉光武帝带兵打仗，在紧张艰苦的环境中，依然手不释卷，你为什么就不能刻苦读书呢？"

吕蒙听了孙权的话十分惭愧，从此后便开始发愤读书补课，利用军旅闲暇，遍读诗、书、史及兵法战策，如饥似渴。功夫不负苦心人，渐渐的，吕蒙官职不断升高，当上了偏将军，还做了浔阳令。

周瑜死后，鲁肃代替周瑜驻防陆口。大军路过吕蒙驻地时，有谋士建议鲁肃说：

"吕将军功名日高，您不应怠慢他，最好去看看。"

鲁肃也想探个究竟，便去拜会吕蒙。

吕蒙设宴热情款待鲁肃。席间吕蒙请教鲁肃说：

"大都督受朝廷重托，驻防陆口，与关羽为邻，不知有何良谋以防不测，能否让晚辈长点见识？"

鲁肃随口应道："这事到时候再说嘛……"

吕蒙连忙说道："这样恐怕不行。当今吴蜀虽已联盟，但关羽如同熊虎，险恶异常，怎能没有预谋，做好准备呢？对此，晚辈我倒有些考虑，愿意奉献给您作个参考。"

吕蒙于是献上五条计策，见解独到精妙，全面深刻。

鲁肃听罢又惊又喜，立即起身走到吕蒙身旁，抚拍其背，赞叹道：

"真没想到，你的才智进步如此之快……我以前只知道你一介武夫，现在看来，你的学识也十分广博啊，远非从前的'吴下阿蒙'了！"

吕蒙笑道："士别三日，当刮目相看。"

从此，鲁肃对吕蒙尊爱有加，两人成了好朋友。吕蒙通过努力学习和实战，终成一代名将而享誉天下。

千百年来，"士别三日，当刮目相看"这句话，之所以成为一句成语，就说明人们对"现在不代表未来"的普遍认同。所以，我们一定要用发展的眼光看自己，身处低潮不悲伤，身处高潮不张狂，走一步，看十步，人生之路会走得更远。

绝望是心灵的毒药

没有绝望的处境，只有对处境绝望的人。

有个年轻人，因心情不好，他走出家门，漫无目的到处闲逛，不知不觉间来到了森林深处。在这里他听到了婉转的鸟鸣，看到了美丽的花草，他的心情渐渐好转，他徜徉着，感受着生命的美好与幸福。忽然，他的身边响起了呼呼的风声，他回头一看，吓得魂飞魄散，原来是一头凶恶的老虎正张牙舞爪地扑过来。他拔腿就跑，跑到一棵大树下，看到树下有个大窟窿，一棵粗大的树藤从树上深入窟窿里面，他几乎不假思索，抓住树藤就滑了下去，他想，这里也许是最安全的，能躲过劫难。

他松了口气，双手紧紧地抓住树藤，侧耳倾听外边的动静，并时不时伸出头去看看。那只老虎在四周踱来踱去，久久不肯离去。年轻人悬着的心又紧张起来，他不安地抬起头来，这一看又叫他吃了一惊，一只坚牙利齿的松鼠在不停地咬着树藤，树藤虽然粗大，可经得住松鼠咬多久呢？他下意识地低头看洞底，真是不得了！洞底盘着四条大蛇，一齐瞪着眼睛，嘴里吐卷着长长的芯子。恐惧感从四面八方袭来，他悲观透了。爬出去有老虎，跳下去有毒蛇，上不得，也下不得，想这么不上不下吧，却有那只松鼠在咬树藤，他甚至已经听到了树藤被咬之处咯吧咯吧欲断未断的响声。

年轻人想：悬挂不动已不可能，树藤已不让你悬了；跳下去也是绝路，那是个死胡同，连逃的地方都没有；可是外面呢，有可怕的老虎，但也有鸟鸣，有花香。年轻人想，难道这就是人生的宿命？冥冥之中，他听到一个声音在喊："别怕，跑吧。"于是他不再作多余的考虑，一把一把向上攀登，他终于爬到了地面，看到那只老虎在树底下闭目养神（是的，苦难也有记你喘息的时候），他瞅住这个机会，拔腿狂奔，终于摆脱了老虎，安全回到了家。

电视剧《篱笆·女人和狗》的片尾主题曲中唱道："生活，是一根线，也有那解不开的小瘩瘩呀；生活，是一条路，怎能没有坑坑洼洼……"人生的大道不可能永远是坦途，困难、挫折，甚至是绝境都是在所难免的。绝境并不可怕，只要人不绝望，只要心中与困境作斗争的勇气仍在，即使山穷水尽，也会有柳暗花明的时候。

重大挫折压倒的，只是人的躯壳，而它万万压不倒的是人们"永不绝望"的信念！日本松下集团总裁松下幸之助曾经说过，人的一生，或多或少，总是难免有浮沉，不会永远如旭日东升，也不会永远痛苦潦倒。反复地一浮一沉，对于每一个人来说，正是一次磨炼。因此，浮在上面的，不必骄傲；沉在底下的，更用不着悲观。必须以率真、谦虚的态度，乐观进取，向前迈进。

事实上，即使是创造了丰功伟绩的人，也不敢说自己不曾失败过。正因为有过多次的失败，才会得到多种的经验；只有经过多次的教训之后，才能够成熟起来。如果不敢正视失败，就永远不会进步。要是在失败面前强调客观原因，抱怨他人，就只会使自己一再地处于失败和不幸的漩涡之中。

把先前所遇的挫折、失败权当过眼烟云，不必在意，也许下一步你会走得更舒坦、更轻松，何乐而不为呢？当挫折临近时，即可自如地展望前方，心中默念："永不绝望"。如果你将这四个字作为你的座右铭，成功定会接踵而至。

绝望是心灵的毒药，它会吞噬一个人的意志，腐蚀一个人的斗志。世界上从来没有什么真正的"绝境"，只有心里感到绝望的人。无论黑夜多么漫长，朝阳总会冉冉升起；无论风雪多么肆虐，春风终会吹绿大地。冬天既然已经来临，春天还会远吗？

把置身绝境看成机会

松下幸之助被誉为"经营之神"。他不是一个社会的幸运儿，不幸的生活却促使他成为一个永远的抗争者。松下幸之助9岁起就去大阪做小伙计；父亲的过早去世使得15岁的他不得不担负起全家生活的重担，他体会到了做人的艰辛。

1910年，松下幸之助来到大阪电灯公司做一名室内安装电线练习工，一切从头学起，后来，他诚实的品格和上乘的服务赢得了公司的信任。22岁那年，他晋升为公司最年轻的检察员。就在这时，他遇到一次人生的挑战。

有一天，他发现自己咳的痰中带血，这使他非常害怕，因为这种奇怪的家族病史，已经有9位家人在30岁前离开了人世，这其中包括他的父亲和哥哥。当时的境况使他不可能按照医生的吩咐去休养，他没了退路，反而对可能发生的事情有了充分的精神准备，只能边工作边治疗，这也使他形成了一套与疾病作斗争的办法：不断调整自己的心态，以平常之心面对疾病，调动肌体自身的免疫力、抵抗力与病魔斗争，使自己保持旺盛的精力。这样的过程持续一年，他的身体也变得结实起来，内心也越来越坚强，这种心态也影响了他的一生。

患病一年来的苦苦思索，改良插座希望得到公司采用的愿望受挫，使他下决心辞去公司的工作，做插座生意，开始独立经营。

松下电器公司不是一个一夜之间成功的公司，创业之初，正逢第一次世界大战，物价飞涨，而幸之助手里的所有资金还不到100元，困难可以想象。公司成立后最初的产品是插座和灯头，然而当千辛万苦才生产出的产品遇到棘手的销售问题时，工厂竟到了难以为继的地步，同事们相继离去，使松下幸之助的境况变得很糟糕。

但他把这一切都看成是创业的必然经历，他对自己说："再下点功夫总会成功的！已有更接近成功的把握了。"他相信：坚持下去取得成功，就是对自己最好的报答。功夫不负有心人，生意逐渐有了转机，直到六年后拿出第一个像样的产品也就是自行车前灯时，公司才慢慢走出了困境。

走出困境的松下电器公司所面对的并不是一帆风顺的坦途，而是一系列汹涌波涛的开始。1929 年经济危机席卷全球，日本也未能幸免，销量锐减，库存激增。

第二次世界大战的爆发使日本经济走上了畸形，日本的战败使得松下幸之助变得几乎一无所有，剩下的是到 1949 年时达 10 亿元的巨额债务。为抗议把公司定为财阀，松下幸之助不下 50 次地去美军司令部进行交涉，其中辛苦自不必言。

一次又一次的打击并没有击垮松下幸之助，他享年 94 岁高龄，向人们表明，一个人只有从心理上、道德上成长起来时，他才可以长寿。他之所以能够走出遗传病的阴影，安然度过企业经营中的一个个惊涛骇浪，得益于他永葆一颗年轻的心，并能坦然应对生活中的挫折和磨难。松下幸之助说过："只要有一颗谦虚和开放的心，你就可以在任何时候从任何人身上学到很多东西。无论是逆境或顺境，坦然的处世态度，往往会使人更聪明。"

逆境给人宝贵的磨炼机会。只有经得起逆境考验的人，才能算是真正的强者。如果不能坦然处之，那么，在逆境时就容易卑躬屈膝，而顺境时又得意忘形。其实，顺境和逆境都是命运的安排，只有坦然去面对，才是最好的方式。坦然的处世态度会使人更加聪明。

一个坦然面对逆境而挣扎过来的人，与一个从顺境中谋得发展的人，经历的过程虽不大相同，但必然都具备了坚忍、正直和聪明的条件。

总之，不论处境如何，为人处世之道就在于不迷惘、不矫揉，以坦然态度处世，这才是最正确的。

在黑暗中徘徊时，阳光可以指引你前行的路，而在悲叹之中，才能领略人生真义。广阔的世界、漫长的人生，未必都充满称心如意的事情。倘若可以没有任何苦恼和忧虑，平平安安地享受太平，就是求之不得了。然而，事实往往不能如此，有时候日坐愁城，有时候一筹莫展，陷于进退维谷的绝境。

尽管如此，人往往在悲叹之中，才能领略到人生的深奥；置身绝境，才可以体验到社会的真滋味。

　　凭借智力去了解，固然重要，亲身去体验，更加重要。盐巴的咸味，必须尝过才能知道。

　　把"置身绝境"看成是"以身体验"的珍贵的机会。明白这点，则面临艰难，能勇气百倍、精力充沛。唯有如此，才能涌出新的智慧，转祸为福。心中有这种认识，就像一道阳光，照射黑暗的地方，引领人鼓起勇气，勇往直前。

失败是生命必要的投资

人生的成败，全系于自己的抉择。具有坚强意志力的人，遇到任何艰难障碍，都能坚持自己的抉择，想方设法克服困难，消除障碍。

有这样一个人，他的父亲是一个赌徒，母亲是一个酒鬼。在这样的环境下，他的学业一无所成，不久就离开了学校，成了街头混混。直到 20 岁的时候，一件偶然的事刺激了他使他醒悟反思："不能，不能这样做。如果这样下去，和自己的父母岂不是一样吗？成为社会垃圾，人类的渣滓，带给众人、留给自己的都是痛苦——不行，我一定要成功!"

他下定决心，要走一条与父母迥然不同的路，活出个人样来。但是做什么呢？他长时间思索着，找份白领工作几乎是不可能的。经商，又没有本钱……他想到了当演员——当演员不需要过去的清名，不需要文凭，更不需要本钱，而一旦成功，却可以名利双收。但是他显然不具备演员的条件，长相就很难使人有信心，又没有接受过任何专业训练，没有经验，也无"天赋"。然而，"一定要成功"的驱动力，使他认为这是他今生今世唯一出头的机会，最后的成功可能。在成功之前，决不放弃!

于是，他来到好莱坞，找明星，找导演，找制片……找一切可能使他成为演员的人，四处哀求："给我一次机会吧，我要当演员，我一定能成功!"

很自然，他一次又一次被拒绝了。但他并不气馁，他知道，失败定有原因。每次被拒绝之后，他就把它当作是一次学习。一定要成功，痴心不改，又去找人……不幸得很，两年一晃过去了，钱花光了，他便在好莱坞打工，做些粗重的零活，这两年来他遭受到 1000 多次拒绝。

他暗自垂泪，痛哭失声。难道真的没有希望了吗，难道赌徒、酒鬼的儿子就只能做赌徒、酒鬼吗？当然不行，我一定要坚持下去，我要成功! 他想到了换个方法试试。他想出了一个"迂回前进"的思路：先写剧本，待剧本被导演看中后，再要求当演员。幸好现在的他，已经不是刚来时的门外汉了，两年多耳濡目染，每一次拒绝都是一次口传心授、一次学习、一次进步。因此，他已经具备了写电影剧本的基础知识。

一年后，剧本写出来了，他又拿去遍访各位导演，"这个剧本怎么样，让我当男主角吧！"人们虽认为他的剧本挺好，但要让他当男主角是不可能的，他再一次被拒绝了。

他不断对自己说："我一定要成功，也许下一次就行，再下一次就行，再下一次……"

在他一共遭到一千三百多次拒绝后的一天，一个曾拒绝过他二十多次的导演对他说：

"我不知道你是否能演好，但至少你的精神令我感动。我可以给你一次机会，但我要把你的剧本改成电视连续剧，先只拍一集，就让你当男主角，看看效果再说。如果效果不好，你便从此断绝这个念头吧！"

为了这一刻，他已经作了三年多的准备，终于可以一试身手。机会来之不易，他自然拼尽全力，全身心地投入其中。

这部电视剧创下了当时全美最高收视纪录——他成功了！

现在，这个人是世界顶尖的电影巨星。他就是大家熟悉的史泰龙。

失败就像一条河，不怕河中的滔天巨浪，不怕在渡河中淹死，才能游到成功的彼岸。人们赞美游到彼岸的成功英雄，却经常忘记在失败的大河中泅渡的必要。

尽管我们常说失败乃成功之母，许多道理都是成败对举，但着眼都是成功，甚至整部"成功学"关注更多的也是成功。然而，从一种过程而言，从一种思维方式，一种实事求是的态度而言，充分地关注失败更有意义。失败是生命走向成功的必要投资。

就英雄本色而论，许多杰出的人物，许多名垂青史的成功者，其人生的成败并不得益于旗开得胜的顺畅和马到成功的得意，反而是失败造就了他们。这就正如孟老夫子所说的："故天将降大任于是人也，必先苦其心志，劳其筋骨，饿其体肤，空乏其身，行拂乱其所为，所以动心忍性，增益其所不能。"

孟子说的这一串话，重点就是：一个人要有所成，有所大成，就必须忍受失败的折磨，在失败中锻炼自己，丰富自己，完善自己，使自己更强大，更稳健。这样，才可以水到渠成地走向成功。像苏秦搞六国合纵就是这样，像韩信找出路也是这样，像刘邦打天下，像刘备找安身立业的地方都是这样。还有像科学实验中科学家的反复试验。为着提炼稀有金属镭，居里夫人几乎耗尽了大半生的精力，使几代科学家的构想成真。这样的例子太多了。

失败是生命必要的投资。失败是进步的里程碑，是勇者、强者与懦夫的天然国界。经受失败，对成功太重要了。

让绊脚石变成垫脚石

人生的不幸就如你成长路上的每一个绊脚石。

我们走向成功的路上，绊脚石很多，有些是轻易绕过去了，有些却一直堵在你的面前，无法绕跃，有些只是使你磕破脚指头，有些使你摔倒致手脚受损，更有些绊脚石可以让你摔至身残、成为终生疾患。

绊脚石就是那么的可恶、可恨。

绊脚石永远都是我们深恶痛绝的东西，我们不愿意碰到，可是偏偏又要碰到的，很多人只懂得如何小心翼翼，在摔倒之后埋怨几句就继续走了，把每一次被绊脚石绊倒的经历都忘得一干二净。

有一个走夜路的人，也是遇到了绊脚石，他重重地跌倒了。他也是跟一般人一样，爬起来，揉着疼痛的膝盖，埋怨了几句，然后继续向前走。

不久，不幸的事情又发生了。他走进了一个死胡同，前面是墙，左面是墙，右面也是墙，无法绕过去了。

大的不幸是很难绕过去的，就像掉进枯井的驴子，无法通过绕的方式逃生。

这种不幸的事情也经常发生在我们的生活中，发生在我们的职场上。

这时候，是要选择回去重新选择另一条路再走呢？还是在这里消极地等待什么天外飞来的"牛粪"发生？

可是，若重新选择一条路再走的话，得再花去多少时间成本和精力成本呢？而且你能保证走另一条路就不会再走进死胡同吗？

这是我们在事业路上经常遇到的事情。

往往，你走出了这个死胡同，就会是一个豁然开朗的新世界，那时你的事业将更加事半功倍，发展路上也将是一路顺畅。

所以选择最短的路，也就是选择绊脚石最多的路，因为短路一般都是比较崎岖的，而且很有可能前面就是一个死胡同。

可是，这个人没有悲哀得绝望，而是静下心来，好好地观察了一下周围的形势。

可以给他带来幸运的"秘密"让他发现了，他用一颗乐观和冷静思考的心发现了给他带来助他一臂之力的好运。

他发现前面的墙刚好比他高一头，但他费了很大力气，还是攀不上去，这时候，对待不幸，靠的不是你的力量了，而是要当一个生活的有心人，用你的心去发现破解"死胡同"的难题。

忽然，他灵机一动，想起了刚才绊倒自己的那块石头，为什么不把它搬过来垫在脚底下呢？

想到就做，他折了回去，费了很大力气，才把那块石头搬了过来，放在墙下。

踩着那块石头，他轻松地爬到了墙上，轻轻一跳，他就越过了那堵墙，果然前面豁然开朗，别有洞天，而且很快就顺畅地到达目的地了。

不幸，人人都会遇到，但是更多的人在被绊脚石绊倒以后就再也爬不起来了，即使有人爬起来了也忘记了曾经绊倒过他的那块顽石，所以这些人都不懂得化不幸为幸运，把绊脚石变成垫脚石。

有很多不幸确实很难对付，但往往又是很简单的事情，那就是看你用什么样的心态去对待它，是消极地等待，还是回头再来，还是用你的乐观和平静的心去寻找给你带来幸运的"机遇"。

以平常心来看待成功和失败，并不意味着我们不努力向成功迈进，在通往成功的道路上，失败就是一个个大石块，当我们可以以平常心坦然面对这些石块的时候，再经过自己的奋斗就会把这些绊脚石变成垫脚石。

罗纳德·皮尔曾经给别人讲过自己的亲身经历：

每当我失意时，我母亲就这样说："最好的总会到来，如果你坚持下去，总有一天你会交上好运。并且你会认识到，要是没有从前的失望，那是不会发

生的。"

　　母亲是对的，当我于 1932 年大学毕业后，我发现了这点：我当时决定试试在电台找份工作，然后，再设法去做一名体育播音员。我搭便车去了芝加哥，敲开了每一家电台的门——但每次都碰了一鼻子灰。在一个播音室里，一位很和气的女士告诉我，大电台是不会冒险雇用一名毫无经验的新手的。"再去试试，找家小电台，那里可能会有机会。"她说。我又搭便车回到了伊利诺伊州的迪克逊。虽然迪克逊没有电台，但我父亲说，蒙哥马利·沃德公司开了一家商店，需要一名当地的运动员去经营他的体育专柜。由于我在迪克逊中学打过橄榄球，于是我提出了申请。那工作听起来正适合我，但我没能如愿。

　　我失望的心情一定是一看便知。"最好的总会到来。"母亲提醒我说。父亲借车给我，于是我驾车行驶了 70 英里来到了艾奥瓦州达文波特的 WOC 电台。节目部主任是位很不错的苏格兰人，名叫彼得·麦克阿瑟，他告诉我说他们已经雇用了一名播音员。当我离开他的办公室时，受挫的郁闷心情一下子发作了。我大声地问道："要是不能在电台工作，又怎么能当上一名体育播音员呢？"

　　我正在那里等电梯，突然听到了麦克阿瑟的叫声："你刚才说体育什么来着？你懂橄榄球吗？"

　　接着他让我站在一架麦克风前，叫我凭想象播一场比赛。前一年秋天，我所在的那个队在最后 20 秒时以一个 65 码的猛冲击败了对方。在那场比赛中，我打了 15 分钟。回想当时的情形，我激动地描述着每一个场景，之后，彼得告诉我，我将主播星期六的一场比赛。

　　不要拘泥于眼前，拘泥于现在，任何"绊脚石"都有可能变成我们生命中的"垫脚石"。

人生没有过不去的坎

古希腊神话传说中，有这样一个故事，很耐人寻味：

天神西绪弗因为在天庭犯了法，遭到宇宙之神宙斯惩罚，降到人世间来受苦。宙斯对他的惩罚是：推一块石头上山。每天，西绪弗都要费很大的劲儿把那块石头推到山顶，然后回家休息时，石头又会自动地滚下来。于是，西绪弗又要把那块石头往山上推。这样，西绪弗不得不在永无止境的失败命运中受苦受难。西绪弗每次推石头上山时，其他天神都打击他，告诉他不可能成功。但西绪弗不肯认命，一心想着推石头上山是他的责任，只要把石头推上山顶，责任就尽到了。至于石头是否会滚下来，那不是他的事。

所以，当西绪弗努力地推石头上山的时候，他心中显得非常的平静，因为他安慰着自己：明天还有石头可推，明天还有希望。

宙斯对西绪弗无可奈何，最后只好放他回了天庭。

人生没有过不去的坎，把困难当作机遇，把命运的折磨当作人生的考验，把今天的苦楚寄希望于明天的甘甜，这样的人，即便是上帝对他也无能为力。

现实生活中，我们没有人不追求和向往美好，但老天好像就是要与人作对，总是在人生的道路上布满坎坷，总是不让人一帆风顺，各种各样的挫折总是在人不经意间横亘道上。意志薄弱者遇到困难时便心灰意冷，顾影自怜，整天精神萎靡，怨天尤人。而意志坚强者，则坚信人生没有过不去的坎，往往是愈挫愈勇，义无反顾、勇往直前，从哪里跌倒再从哪里爬起来。

美国一种家喻户晓的美食叫"琼斯乳猪香肠"，在它的发明背后有一段感人泪下与命运作斗争的故事。该食品的发明人琼斯原来在威斯康星州农场工作，当时家人生活比较困难，但他身体强壮，工作认真勤勉，也从来没有妄想发财。可天有不测风云，在一次意外事故中，琼斯瘫痪了，躺在床上动弹不得。亲友都认为这下他这一辈子可交待了，然而事实却出人意料。

琼斯身残志坚，始终没有放弃与命运作斗争。他身体虽然瘫痪，意志却丝毫不受影响，依然可以思考和计划。他决定让自己活得充满希望、乐观、开朗些，他决定做一个有用的人，他不想成为家人的负担。他思考多日，最终把构想告诉家人："我的双手虽然不能工作了，我要开始用大脑工作，由你们代替我的双手，我们的农场全部改种玉米，用收获的玉米来养猪，然后趁着乳猪肉质鲜嫩时灌成香肠出售，一定会很畅销！"

老天不负有心人，事情果然不出琼斯所料，等家人按他的计划做好一切后，"琼斯乳猪香肠"一炮走红，成为人人知晓、大受欢迎的美食。

天无绝人之路，生活丢给我们一个难题，同时也会给我们解决问题的能力。琼斯能够成功，是因为他坚信人生没有过不去的坎，坚信冬天之后有春天。他在困难面前没有低头，没有被挫折吓倒，而是另辟蹊径，终迎来了属于自己的成功。

人生的道路充满荆棘与坎坷，但生命是美丽的，生活是美好的。我们应该笑对坎坷。生活中我们不必去乞求也不可能总是阳光明媚的艳阳天，狂风暴雨随时都有可能光临。但只要我们有迎接厄运的勇气和胸怀，在打击和挫折面前不低头，跌倒了再重新爬起来，将自己重新整理，以勇敢的姿态去迎接命运的挑战，只要我们坚信人生没有过不去的坎，就能走出人生的辉煌。

人的一生绝不可能是一帆风顺的，有成功的喜悦，也有无尽的烦恼；有波澜不兴的坦途，更有布满荆棘的坎坷与险阻。当苦难的浪潮向我们涌来时，我们唯有与命运进行不懈的抗争，才有希望看见成功女神高擎着的橄榄枝。

苦难，在不屈的人面前会化成一种礼物，这份珍贵的礼物会成为真正滋润生命的甘泉，让人生的任何时刻，都不会轻易被击倒！

朋友，你一定见过瀑布吧。美丽的瀑布迈着勇敢的步伐，在悬崖峭壁前毫不退缩，因山崖的绞结碰撞造就了瀑布生命的壮观。有谁能说，这不是生命的美丽呢？

第八章 沉稳踏实，
别让浮躁蒙住了你的上进心

浮躁不仅使人失去思想上的冷静，失去心理上的平衡，更会使人不再用脑子去思想，只用眼睛和耳朵去思想，看到什么、听到什么就是什么。浮躁的人不再考虑自己的长短优劣，只与别人比较所走的途径和结果。

守住自己的沉香

一味地比较最容易动摇我们的心态，改变我们的初衷。在生活中不论我们和什么样的人比较，最终的结果，不是自卑，就是自傲，或者是流于平庸，离我们做人的品位相去甚远。

有一位年迈的富翁，他非常担心自己留给儿子的巨额财产不但不能给儿子带来幸福，反而会害了他。为此，他把儿子叫到跟前，向儿子讲述了他自己如何白手起家的故事，目的是希望儿子也能发奋图强，靠自己的努力打拼出一个天下来。

儿子听了很感动，就决定独自一个人去寻找宝物。他跋山涉水历尽艰辛，最后在热带雨林找到一种树木，这种树木能散发一种浓郁的香气，放在水里不像别的树一样浮在水面而是沉到水底。他心想：这一定是价值连城的宝物！就满怀信心地把香木运到市场去卖，可是却无人问津，为此他深感苦恼。当看到隔壁摊位上的木炭总是很快就能卖完时，他一开始还能坚守自己的判断，但日子如水，时间最终让他改变了自己的初衷，他决定将这种香木烧成木炭来卖。结果很快被一抢而空，他十分高兴，迫不及待地跑回家告诉父亲，但父亲听了他的话后不由得老泪纵横。原来，儿子烧成木炭的香木——沉香，只要切下一块磨成香粉，价值就超过了一车的木炭。

做人最怕的不是贫穷，而是没有主见，经不住生活的诱惑而随风摇摆，最终随波逐流，放弃了自己最宝贵的东西。

有一个大商场要招收一名合格的收银员，三位女士有幸参加复试。复试由商场老板亲自主持。

第一位女士刚走进老板办公室，老板甩出一张百元大钞，叫她去楼下的商店买包香烟。这位女士一看自己还未被正式录用，老板就差使她干这干那，认为有伤自尊心。她瞧都没瞧老板甩出的钱，便气冲冲转身走了——宁愿不要这份工作，也不愿被别人支使。

第二位走进老板的办公室，老板照样甩出一百元钱，叫她到楼下去买烟。她笑眯眯地接了钱，看也没看就去买烟。结果，卖烟的人说这一百元钱是假的。她刚失业，急需得到一份工作，迫于无奈，自己掏出钱给老板买了一包烟，外把余钱原原本本地交给了老板。

可是老板没有录用她，因为……

第三个女士走了进来，老板也照样进行考验。她一接到钱，马上就发现钱是假的。

她说："对不起，老板，你这张钱是假的！"并当面把假币还给了老板。

老板笑吟吟地接过假币，如释重负，马上和她签订了雇佣合同，放心地把商场的收银工作交给了她。

从这里得到什么启发呢？守住自己的"沉香"。

从前有一个贤明的女王，她决定在全国范围内挑选一个女孩子，把她培育成自己的接班人。女王的方法很独特，给那些女孩子们每个人都发一些花种子，并宣布谁能培育出最美丽的花朵，那么谁就能够成为女王的继承者。

女孩子们得到种子后，开始精心地培育，从早到晚浇水、施肥、松土，谁都希望自己成为幸运者。一个小女孩也精心地培育花种，但是花盆里的种子始终没有发芽。

女王决定的比赛日子到了。无数个穿着漂亮的女孩子走上街头，她们捧着漂亮的花朵，期望着巡视的女王。女王环视着争奇斗艳的花朵并没有很高兴，直到她看到捧着空花盆的小女孩子。最后这个小女孩儿成了未来的女王。因为女王发的花种全部是煮过的，根本就不能够发芽开花。

诚实的力量是不可估量的，它让一个贫穷的小女孩儿成为了女王。

想一想，贫穷的小女孩为什么能成为至高无上的女王？因为她守住了自己的"沉香"。当所有人都在撒谎的时候，她没有浮躁，没有模仿，坚守着自己的诚实。

世人常犯的错误就是不能坚守自己，而总是喜欢和别人比较。一位大师曾经说过："玫瑰就是玫瑰，莲花就是莲花，只能去看，不能比较。"

其实，尘世的每一个人，都有一些属于自己的"沉香"。但世人往往不懂得它的珍贵，反而对别人手中的木炭羡慕不已，最终只能让世俗的尘埃蒙蔽了自己智慧的双眼。

天上不会掉"馅饼"

这是一个关于招聘的小故事。

雅利安公司是一家外资企业，更确切地说，是美国环球广告代理公司中国办事处。因为业务需要，雅利安公司正准备招聘4名中国高级职员，他们将担任业务部和发展部的主任助理，待遇自不必言。竞争是激烈的，凭着良好的资历和优秀的考试成绩，小李荣幸地成为10名复试者中的一员。

雅利安公司的人事部主任戴维先生告诉小李，复试主要是由贝克先生主持。贝克先生是全球闻名的大企业家，从一个报童到美国最大的广告代理公司董事长、总经理，他的经历充满了传奇色彩。并且，他年龄并不很大，据说只有40岁上下。听到这个消息，小李非常紧张，一连几天，从英语口语、广告业务及穿戴方面都做了精心准备，以便顺利"推销自己"。

考试是单独面试：小李一走进小会客厅，坐在正中沙发上的一个老外便站起来，小李认出来：正是贝克先生。

"是你?！你就是……"贝克先生用流利的中文说出了小李的名字，并且快步走到他面前，紧紧握住了他的双手。

"原来是你！我找你找了很长时间了。"贝克先生一脸的惊喜，激动地转过身对在座的另几位老外嚷道，"先生们，向你们介绍一下：这位就是救我女儿的那位年轻人。"

小李的心狂跳起来，还没容得他说话，贝克先生一把将他拉到旁边的沙发上坐下，说道："我划船技术太差了，结果女儿掉到了昆明湖中，要不是这位年轻人就麻烦了。真抱歉，当时我只顾照看女儿了，也没来得及向你道谢。"

小李竭力抑制住心跳，抿抿发干的双唇，说道："很抱歉，贝克先生。我以前从未见过您，更没救过您女儿。"

贝克先生又一把拉住小李："你忘记了？4月2日，昆明湖公园……肯定是你！我记得你脸上有块痣。年轻人，你骗不了我的。"贝克先生一脸的得意。

小李站起来："贝克先生，我想您肯定弄错了。我没有救过您女儿。"

小李说得很坚决，贝克先生一时愣住了。忽然，他又笑了："年轻人，我很欣赏你的诚实，我决定：你免试通过了。"

几天后，小李幸运地成了雅利安公司职员。有一次，小李和戴维先生闲聊，他问戴维："救贝克先生女儿的那位年轻人找到了吗？"

"贝克先生的女儿？"戴维先生一时没反应过来，接着他大笑起来，"他女儿？有7个人因为他女儿而被淘汰了。其实，贝克先生根本没有女儿。"

在我们的生活中，常常也会有这样的"馅饼"不期而至，当它对于你来说是唾手可得时，很多人就会出现心态失衡，为了虚幻的"影子馅饼"而失去更多东西，最糟的结果是剥去"馅饼"皮，你才后悔莫及，原来空欢喜一场，得到的只是陷阱而已。

如果我们能够以平常心面对这些飞来之喜，也许我们收获的不仅仅是一个"馅饼"，就像故事中获得工作的主人公一样。

当然，除了做到"宠辱不惊"外，我们还需要有一颗诚实的心。

远离浮躁心自安

"生活本身就是一条河流，它需要激流，但更多的时候，它得平静向前。"这是歌德说过的话。是的，淡泊更能体验人生真味。远离浮躁心自安。

人们一旦心浮气躁，急功近利，必然盲目狂热，追名求利，希望快速发财，立即成名，就不可能脚踏实地，不会耐住性子，就不愿意去用脑子想问题，不肯花力气干事情。其结果是：在物质和精神都毫无准备的情况下披挂上阵，轻狂浮夸，好大喜功，情绪烦躁，手忙脚乱，仓促从事，草草收场。

1998年12月，钱钟书先生走了。一位深居简出、远避尘嚣的学者，何以在逝世之前和逝世之后引起这么大的社会关注？一个重要原因，就在于这位老人坚守淡泊宁静的个人风范，以拥有自足自在的精神生活把所有的浮躁关在门外。虽然人们纷纷参与到追利逐名的喧闹中，但心中向往、暗许、肯定的，还是老人的价值尺度。

浮躁是工作学习的大敌。患有此症者，轻则心绪不宁，无所事事，重则善恶不分，误入歧途。闲暇之余，或是双休日，虽有安静的学习环境，但现代媒体特别是电视、电话、电脑、广播等大量信息纷至沓来，使人难免有眼花缭乱之感。加之变化纷纭、多姿多彩的外部环境，又使人受极大诱惑，故如何远离浮躁，潜心学习，就成为对我们学海荡舟的考验。

浮躁不仅使人失去思想上的冷静，失去心理上的平衡，更会使人不再用脑子去思想，而是用眼睛和耳朵去思想，看到什么、听到什么就是什么。浮躁的人不再考虑自己的长短优劣，只与别人比较所走的路径和结果。

远离浮躁，就要志存高远。诸葛亮有句名言："非淡泊无以明志，非宁静无以致远。"平和宁静的心态来源于淡泊寡欲的心绪，严谨刻苦的治学态度来源于对自身差距和肩负责任的深刻理解，而强烈的求知欲望和责任意识来源于崇高的人生追求和正确的价值取向。只有把理想和追求树得高一些，把事业和责任看得重一些，把名利和享受看得淡一些，真正坚持不懈地把学习作为完善自身素质的根本途径，才会远离浮躁。

远离浮躁，就要挡住诱惑。现代社会，成功的比例明显增大。这本是好事，可以鼓舞许多人不甘落后的进取心，但同时也会使人们产生盲目的攀比心理，眼红心动，沦于浮躁，再也坐不住了。他们不问别人成功背后的艰辛，只图别人令人羡慕的结果，于是自己也做起了"心想事成"的美梦，陷入了"这山望着那山高"的误区。在他们看来，自己的能力不比别人差，吃的辛苦不比别人少，而待遇、荣誉、地位却样样不如人，实在冤哉枉也。实际上，别人能够做到的，当然不是说这些人就一定不行，但要赶上别人甚或超过别人，有一个前提条件，那就是首先必须远离浮躁。人贵有自知之明，只有冷静地分析自己的长处和短处，劣势和优势，有利条件和不利条件，然后立足现实，确定目标，制订措施，付诸实践，才有成功的可能。

中国近代学者王国维在他的《人间词话》一书中谈到，古往今来，凡能成就大事业、大学问的人，无不经过读书的三种境界：第一种境界，"昨夜西风凋碧树。独上高楼，望尽天涯路"，是说必须站得高，看得远，选定自己的奋斗目标。第二种境界，"衣带渐宽终不悔，为伊消得人憔悴"，是说一个人在认定自己的目标之后，就要刻苦学习，为实现自己的目标奋力拼搏，即使衣带宽了，人渐瘦了，也始终不悔。第三种境界，"众里寻他千百度，蓦然回首，那人却在灯火阑珊处"，是说经过千百次寻求知识后，回头一看，忽然发现自己为之奋斗的目标就在眼前，成功正在向你招手微笑。有了这三种境界，浮躁之心自然会远离我们而去。

喧嚣的都市，淡泊的心情，远离浮躁从不同的角度来体会淡泊的韵味，那真的是人生一大福事。淡泊，不是一种心如枯井的无所谓心情，它是空中的一轮明月，在静谧寂寞的夜里，我们依然会感受它生动的光辉；淡泊更非冷漠，它是山间的清风，无论世事如何沧桑，它依然会为我们展现其柔美，轻拂美丽人生。淡泊并不是要拒绝波澜壮阔，也不是叫我们放弃执着的人生追求，淡泊只是让我们在所有的成功和失败面前始终保持一种平心静气、乐观豁达的人生态度。

淡泊不是排斥我们的责任，也不是叫我们放弃工作上的努力，它是要我们用一种超然的心情对待眼前的一切，"不以物喜，不以己悲"，不做世间功利的奴隶，也不为凡尘中的各种干扰、牵累、烦恼所左右，在令人眼花缭乱、目迷神惑的世间百态面前神凝气静。既不放弃工作、生活中的努力和责任，也不为其伴随而来的虚幻名利、种种纷争而改变自己的心境，守住自己的精神家园，达到"太行摧而不瞬，盛夏流金而不炎"。

淡泊，会使我们的心灵更加鲜活生动，让人性回到本真状态，使心灵获得一种充实、丰富、自由和纯净；淡泊犹如天上的白云，地上的泉水，它是一种气质、一种修养、一种成熟而坚强的人生理念。

一家有名的饭庄，有一位有名的厨师，谁都知道他最拿手的是最后那道羹：奇鲜无比，妙不可言。后来他的徒弟请教个中奥秘，他只用五个字道出玄机——淡些，再淡些。

宋人欧阳修有一句诗云："世好竞辛咸，古味殊淡泊。"世事都有辩证法在其中，情浓到了极致时，反而成为淡，就像人悲到极点时，常常无泪。而喜到极点时，反而泪雨滂沱。

古往今来，中国人对"淡"的境界可说是情有独钟。"淡泊以明志，宁静而致远"，这是人生最高境界；"大羹以有淡味"，这是品味知味的美食家们的经验之谈；"君子之交淡如水"，这是士人崇尚的交友之道；"品清似水，人淡如菊"，这是超凡之人推崇的品行高洁清雅之气；"不以物喜，不以己悲"，这是忧国忧民者高洁而伟岸的人生境界！

人的一生难免会有烦恼，当你淡然处之，便会觉得生活并没有亏待你，一切原来都很美！

给自己留下一点时间思考

你要选择一条正确的航道，就要不断冷静地矫正你的航向，只有学会冷静地思索，才能矫正你的罗盘，你就会自动地做出反应，与你的目标及最高理想处于同一条直线上。

所以，当你不断地努力工作时，你应时时地静下心来好好想一想，你所努力的方法及方向，是否正确呢？

有个在农场工作的农夫，有一天这个农夫打扫完马厩后，赫然发现他老婆送他的怀表不见了。由于这个怀表对他来说十分的珍贵，于是他马上又跑回马厩寻找，找了一段时间几乎把马厩整个都翻遍了都没有找到，他气馁地走出马厩。

而这时候，他发现外面正有一群孩童在玩耍，于是他向那群孩童说：假如你们之中有谁能在马厩找出他遗失的怀表，那个人便能得到五毛钱，于是孩童们一窝蜂似的跑进马厩里寻找怀表，过了一段时间，孩童们走出马厩，都表示没有找到怀表，此时农夫更加地气馁与失望。

就在这个时候，农夫听到了一个声音：我可以再进去找一次吗？一个孩童对他说。但是农夫觉得大家几乎都把马厩翻遍了，都找不到，怎么可能凭你一个人就找得到呢？

由于没有任何的利害关系，因此农夫答应了这位孩童，过了不到一会的功夫，当那孩童走出马厩时，他手里拿的正是农夫遗失的怀表，农夫很惊讶地问他，你是怎么办到的，那个小孩回答："我进去之后什么都不做，就只是静静地坐在地上，慢慢地，我听到了滴答滴答的声音，于是循着声音我找到了怀表……

这个故事是否能给你有所警示呢？

当你感觉在生活中陷入了苍白与麻木的时候，请给自己留点品味生活的时间。要从纷乱的世界中退出去找一个清静的地方，在安宁、沉寂中找寻造物主的声音。只有在这个安宁的地方，我们的心才会恢复清新并坚强起来，勇往直前，充满信心，去迎接人生必须经历的各种挑战，也只有从静中，我们才会真正领悟出什么是人生最宝贵的。

话说有一位中原人士，要往楚国去做生意（楚国在中原的南面），却朝北面出发。在路上，遇见一位好心的"同路人"，给他指点方向，说："你走错路了，楚国在南方，应该折回，渡过黄河，然后再向南走才对。"

"是吗？不过我的坐骑是匹很有来头的千里马，跑得很快，总会到达目的地吧！"这位仁兄似乎胸有成竹，满不在乎地说。

"但你走的方向，跟你的目的地刚好相反啊！"急坏了的反而是这位好心人，向着正确的方向指画着，不厌其烦地解释楚国的地理方位。

"啊，不要紧，我带备好多盘川，相信足够长途的使费。"

"或许可以，不过要走多久，只有天晓得，我从未见过有人会这样做的。"

"哦，老兄，没问题，没问题，我不赶时间嘛。今天不到，明天再走，总会有到达楚国的一天。"他边说边挥鞭，不待对方答话，便绝尘而去。

路上只剩下这位"不赶时间的"过客，继续赶他那与目的地背道而驰的路，他每走一步，便与他所要去的目的地远了一步。尽管他的马跑得多快，盘缠有几多，决心和毅力是多么的可嘉，他还是不能到达楚国；更可惜的是，他的马愈快，钱愈多，自信心愈大，他与目标愈离愈远。

人生的价值与目标，奠定了我们这一生的成就与幸福。但上面的故事告诉我们，我们必须给自己留点时间进行思考，认清自己，明白自己脚下的路，必须让目标与人生、事业之价值观相互符合，才不致浪费力气。

大千世界，人海茫茫，我们常常发现这样的现象：有的人活着，却被人们遗忘，甚至唾弃；有的人死了，却仍然活在人们的心中。有的人活得乐观、充实、积极、向上；有的人活得颓丧、空虚、消极、沉沦。这使我们想起某位哲人说过的话：人的寿命是个常数，而人的价值则是个变数。

还有一则寓言，说有一个叫朱俠的人爱好剑法，总想练就一身独步天下绝技。他听说有个叫支离的人擅长屠龙之术，便急忙去拜师，发誓要将这世上少有的剑法学到手。若干年后，他果真将技艺练到了炉火纯青的地步。于是闯荡江湖，希望杀尽天下害龙，显身扬名。然而，他四处奔波，却找不到一条龙，纵然绝技一身，始终无用武之地。这个故事告诉我们，朱大侠的志向是盲目的，因其盲目，才致使空怀绝技无处施展。我们每一个，人生道路几十年，要使这短暂的人生在历史长河中过得有意义、有价值，就应该立志、立好志、目标明确，与自己的价值观相符合。

　　人生要怎么建构可说是因人而异。唯有确实地认识自己掌握自己，才得以在生命中保有希望，人生的希望是旁人无法给予的。充满希望的人生并非靠别人指引而能得到，而是靠自己的意志，也就是说，将自己视为主体，主动积极地去面对。而生涯规划会因为每个人人生目标和价值观的差别而有所不同。

退就是为了更好地进

巧妙地退让，会有意想不到的收获。为人处世要有礼让的态度方显高明。与人方便，自己方便。让人也为自己日后留下方便的基础。也许，可以礼让，但难得的是坚持到底的风度。

一个绅士过独木桥，刚走几步便遇到一个孕妇。绅士很礼貌地转过身回到桥头让孕妇过了桥。孕妇一过桥，绅士又走上了桥。走到桥中央又遇到了一位挑柴的樵夫，绅士二话没说，回到桥头让樵夫过了桥。

第三次绅士再也不贸然上桥，而是等独木桥上的人过尽后，才上了桥。眼看就到桥头了，迎面匆匆走来一位推独轮车的农夫。绅士这次不甘心回头了，摘下帽子向农夫致敬："亲爱的农夫先生，你看我就要到桥头了，能不能让我先过去。"农夫不干，把眼一瞪，说："你没看我推车赶集吗？"话不投机，两人争执起来。

这时河面上浮来一叶小舟，舟上坐着一个胖和尚。和尚刚到桥下，两人不约而同请和尚为他们评理。和尚双手合十，看了看农夫，问他："你真的很急吗？"农夫答道："我真的很急，晚了便赶不上集了。"

和尚说："你既然急着去赶集，为什么不尽快给绅士让路呢？你只要退那么几步，绅士便过去了，绅士一过，你不就可以早点过桥了吗？"

农夫一言不发，和尚便笑着问绅士："你为什么要农夫给你让路呢，就是因为你快到桥头了吗？"绅士争辩道："在此之前我已给许多人让了路，如果继续让农夫的话，便过不了桥了。"

"那你现在是不是就过去了呢？"和尚反问道，"你既已经给那么多人让了路，再让农夫一次，即使过不了桥，起码保持了你的风度，何乐而不为呢？"绅士满脸涨得通红。

人生旅途中，我们是不是有过类似的遭遇呢？其实给别人让路，也是在给自己让路啊！人生就应少一些争夺与计较之类的不良之举。因为它们会搅乱那美好的旅途。

记住：给人让路，也是给自己选择了一条路，这条路上到处充满友善与爱。

我们常常看到一些人为微不足道的小事恶语相向，这些人即使年过花甲，仍要重返学校就读！忍让和退缩不是懦弱，而是一种刚强，是一种有效的以退为进的方法。它表面是软弱的退缩，实质是进攻，退是为了更好地进。

所谓物极必反，遇事若能先低头，然后以退为进，可能会有更大的收获。

有一位留学美国的计算机博士，毕业后在美国找工作，结果接连碰壁，许多家公司都将这位博士拒之门外。这样高的学历，这样吃香的专业，为什么找不到一份工作呢？万般无奈之下，这位博士决定换一种方法试试。

他收起了所有的学位证明，以一种最低身份再去求职。不久他就被一家电脑公司录用，做一名最基层的程序录入员。这是一份稍有学历的人都不愿去干的工作，而这位博士却干得兢兢业业，一丝不苟。没过多久，上司就发现了他的出众才华：他居然能看出程序中的错误。这绝非一般录入人员所能比的。这时他亮出了自己的学士证明，老板于是给他调换了一个与本科毕业生对口的工作。

过了一段时间，老板发现他在新的岗位上游刃有余，还能提出不少有价值的建议，这比一般大学生高明。这时他才亮出自己的硕士身份，老板又提升了他。

有了前两次的经验，老板也比较注意观察他，发现他还是比硕士有水平，对专业知识认识的广度与深度都非常人可及，就再次找他谈话。这时他才拿出博士学位证明，并叙述了自己这样做的原因。此时老板才恍然大悟，毫不犹豫地重用了他，因为对他的学识、能力和敬业精神都很了解了。

有的时候，一念之差就会带来天壤之别的结局。处世的智慧就在于你懂不懂得退一步海阔天空，不去做无谓的坚持。

敢输的人才是真英雄

每个人都希望无论何时何地都站在适合自己的位置，说着该说的话，做着该做的事。但不经过挫折磨炼的人是不可能达到这种境界的，人总要从自己的经历中汲取营养。所以，做人要输得起。

输不起，是人生最大的失败。

巨星张国荣有"上帝完美创造物"的美称，影歌双栖，成就非凡，也是人缘极佳的"好哥哥"，但纵使他有辉煌的成就和智能，少了面对困难的思维，一切都只能化为云烟。

人生就犹如战场。我们都知道，战场上的胜利不在于一城一池的得失，而在于谁是最后的胜利者，人生也是如此，成功的人不应只着眼于一两次成败，而是应该不断地朝着成功的目标迈进。当然，一两次的失败确实可能使你血本无归，甚至负债累累。

最要紧的是不应该泄气，而是应该从中吸取教训，用美国股票大亨贺希哈的话讲："不要问我能赢多少，而是问我能输得起多少。"只有输得起的人，才能不怕失败。

所以，人生不妨惨烈地失败一回。如果你已经超过 30 岁，在事业或工作上还没有遭遇任何重大挫败的话，那你快没时间了。

每个人都该在 40 岁之前至少重重失败过一次。这指的不是小小的失败，比如搞砸一项任务，也不是辞掉一份好工作，更不是被炒鱿鱼。一定要是很严重的失败。敢冒大险，才可能跌得重；跌得越重，以后才有可能爬得越高。

"wrong"的反义词不应是"right"，而是"learn"；你能够正视自己的"错误"以后，自然对他人也变得宽容，有耐心。

当然，我们不一定非要真正经历一次重大的失败，只要我们做好了认识失败的准备，"体验失败"一样能够带来刻骨铭心的教训，而那失败的起点比那些从来没有过失败经历的人要高得多，并且失败越惨痛，起点则越高。

只有惨烈地死过一回的人，才能获得更好的更为成功的新生。

贺希哈十七岁的时候，开始自己创造事业，他第一次赚大钱，也是第一次得到教训。那时候，他一共只有二百五十五美元。在股票的场外市场做一名投资客，不到一年，他便发了第一次财：十六万八千美元。他替自己买了第一套像样的衣服，在长岛买了一幢房子。

随着第一次世界大战的结束，贺希哈以随着和平而来的大减价，顽固地买下隆雷卡瓦那钢铁公司。结果呢？他说："他们把我剥光了，只留下四千美元给我。"贺希哈最喜欢说这种话，"我犯了很多错，一个人如果说不会犯错，他就是在说谎。但是，我如果不犯错，也就没有办法学到乖。"这一次，他吸取了教训，"除非你了解内情，否则，绝对不要买大减价的东西。"

一九二四年，他放弃证券的场外交易，涉足未列入证券交易所买卖的股票生意。起先，他和别人合资经营，一年之后，他开设了自己的贺希哈证券公司。到了一九二八年，贺希哈做了股票投资客的经纪人，每个月可赚到二十万美元的利润。

但是，比他这种赚钱的本事更值得称道的，就是他能够悬崖勒马，遇到不对劲时，能悄悄回顾从前的教训。在一九二九年灿烂的春天，正当他想付五十万美元在纽约的证券交易所买股票时，不知道什么原因，把他从悬崖边缘拉回来。贺希哈回忆这件事情说："当你知道医生和牙医都停止看病而去做股票投机生意的时候，一切都完了。我能看得出来。大户买进公共事业的股票，又把它们抬高。我害怕了，我在八月全部抛出。"他脱手以后，净得四十万美元。

一九三六年是贺希哈最冒险，也是最赚钱的一年。安大略北方，早在人们淘金发财的那个年代，就成立了一家普莱史顿金矿开采公司。这家公司在一次大火灾中焚毁了全部设备，造成了资金短缺，股票跌到不值五分钱。有一个叫陶格拉斯的地质学家，知道贺希哈是个思维敏捷的人，就把这件事告诉了他。贺希哈听了以后，拿出二万五千美元做试采计划。不到几个月，黄金掘到了，仅离原来的矿坑二十五英尺。

普莱史顿股票开始往上爬的时候，海湾街上的大户以为这种股票一定会跌下来，所以纷纷抛出。贺希哈却不断买进，等到他买进普莱史顿大部分股票的时候，这种股票的价格已超过了两马克。

这座金矿，每年毛利达二百五十万美元。贺希哈在他的股票继续上升的时候，把普莱史顿的股票大量卖出，自己留了五十万股，这五十万股等于他一个钱都没花，白捡来的。

这位手摸到东西便会变成黄金的人，也有他的麻烦。一九四五年，贺希哈由于疏忽，未经许可而携带一万五千美元出境，被加拿大政府罚了八千五百元。在同一个时期里，他的菲律宾金矿也赔了三百万，他发现自己给民族主义原则和币制的限制做砸了，这也使他尝到了另一次教训："你到别的国家去闯事业，一定要先把一切情况弄清楚。"

二十世纪四十年代后期，他对铀发生了兴趣，结果证明了比他从前的任何一种事业更吸引他。他研究加拿大寒武纪以前的岩石情况，铀裂变痕迹，也懂得测量放射作用的盖氏计算器。一九四九年至一九五四年，他在加拿大巴斯卡湖地区买下了四百七十平方英里蕴藏铀的土地成为第一家私人资金开采铀矿的公司，不久，他聘请朱宾负责他的矿务技术顾问公司。

这是一个许多人探测过的地区。勘探矿藏的人和地质学家都到这块充满猎物的土地上开采过。大家都注意到盖氏计算器的结果，他们认为只有很少的铀。

朱宾对于这种理论都同意。但是，他注意到了一些看来是无关紧要的"细节"。有一天，他把一块旧的艾戈码矿苗加以试验，看看有没有铀元素。结果，发现稀少得几乎没有。这样，他知道自己已经找到了原因。原来就是，土地表面的雨水、雪和硫矿把这盆地中放射出来的东西不是掩盖住就是冲洗殆尽了。而且，盖氏计算器也曾测量出，这块地底下确实藏有大量的铀。他向十几家矿业公司游说，劝他们做一次钻探。但是，大家都认为这是徒劳的。朱宾就去找贺希哈。

一九五三年三月六日开始钻探。贺希哈投资了三万美元。结果，在五月间一个星期六的早晨，得到报告说，五十六块矿样品里，有五十块含有铀。

　　一个人怎样才会成功，这是很难分析的。但是，在贺希哈身上，我们可以分析出一点因素，那就是他自己定的一个简单公式：输得起才赢得起，输得起才是真英雄！

赢了世界又如何

待人接物以宽厚态度最为快乐，因为给人家方便就是为自己以后打开了方便之门。善于领兵作战的将领，不逞其勇武；善于作战的人，不容易激怒；善于取胜的人，讲究战略战术，一般不与敌方正面交锋。所以必须懂得"真忍"的价值。

一天，孔子的得意门生颜回去街上办事，见一家布店前围满了人。他上前一问，才知道是买布的跟卖布的发生了纠纷。

只听买布的大嚷大叫："三八就是二十三，你为啥要我二十四个钱？"

颜回走到买布的跟前，施一礼说："这位大哥，三八是二十四，怎么会是二十三呢？是你算错了，不要吵啦。"

买布的仍不服气，指着颜回的鼻子说："谁请你出来评理的？你算老几？要评理只有找孔夫子，错与不错只有他说了算！走，咱找他评理去！"

颜回说："好。孔夫子若评你错了怎么办？"

买布的说："评我错了输上我的脑袋。你错了呢？"

颜回说："评我错了输上我的帽子。"

二人打着赌，找到了孔子。

孔子问明了情况，对颜回笑笑说："三八就是二十三哪！颜回，你输啦，把帽子取下来给人家吧！"

颜回从来不跟老师斗嘴。

他听孔子评他错了，就老老实实摘下帽子，交给了买布的。

那人接过帽子，得意地走了。

对孔子的评判，颜回表面上绝对服从，心里却想不通。他认为孔子已老糊涂，便不想再跟孔子学习了。

第二天，颜回就借故说家中有事，要请假回去。

孔子明白颜回的心事，也不挑破，点头准了他的假。

颜回临行前，去跟孔子告别。

孔子要他办完事即返回，并嘱咐他两句话："千年古树莫存身，杀人不明勿动手。"

颜回应声"记住了"，便动身往家走。路上，突然风起云涌，雷鸣电闪，眼看要下大雨。颜回钻进路边一棵大树的空树干里，想避避雨。他猛然记起孔子"千年古树莫存身"的话，心想，师徒一场，再听他一次话吧，又从空树干中走了出来。他刚离开不远，一个炸雷，把那棵古树劈个粉碎。颜回大吃一惊：老师的第一句话应验啦！难道我还会杀人吗？

颜回赶到家，已是深夜。

他不想惊动家人，就用随身佩带的宝剑，拨开了妻子住室的门闩。

颜回到床前一摸，啊呀呀，南头睡个人，北头睡个人！他怒从心头起，举剑正要砍，又想起孔子的第二句话"杀人不明勿动手"。他点灯一看，床上一头睡的是妻子，一头睡的是妹妹。天明，颜回又返了回去，见了孔子便跪下说："老师，您那两句话，救了我、我妻和我妹妹三个人哪！您事前怎么会知道要发生的事呢？"

孔子把颜回扶起来说："昨天天气燥热，估计会有雷雨，因而就提醒你'千年古树莫存身'。你又是带着气走的，身上还佩带着宝剑，因而我告诫你'杀人不明勿动手'。"

颜回打躬说："老师料事如神，学生十分敬佩！"

孔子又开导颜回说："我知道你请假回家是假的，实则以为我老糊涂了，不愿再跟我学习。你想想：我说三八二十三是对的，你输了，不过输个帽子；我若说三八二十四是对的，他输了，那可是一条人命啊！你说帽子重要还是人命重要？"

颜回恍然大悟，"噗通"跪在孔子面前，说：

"老师重大义而轻小是小非，学生还以为老师因年高而欠清醒呢。学生惭愧万分!"从这以后,孔子无论去到哪里,颜回再没离开过他。

人生福祸相依,变化无常。少年气盛时,凡事斤斤计较,锱铢必较,这还情有可原。一个人年事渐长,阅历渐广,涵养渐深,对争取之事应看得淡些,凡事不必太认真,顺其自然最好。如果少年就能如此,那已称得上少年老成了。

凡事不必太认真,如果太较真,由于人是相互作用的,你表现出一分敌意,他有可能还以二分,然后你则递增为三分,他又会还回来六分……把敌意换成善意,你会有更大的收获。当"冤冤相报何时了"的双负,能成为"相逢一笑泯恩仇"的双赢时,不是人生最大的成功吗?

对周围的环境、人事,假如你有看不惯的地方,不必棱角太露,过于显示自己的与众不同。喜怒不形于色,是保护自己的一种方式。有首歌的歌词是"如果失去了你,赢了世界又如何",同样,有时你争赢了你所谓的道,却可能失去更重要的,事总有轻重缓急之分,顶牛抬杠不养家,不要为了争一口气而后悔莫及!

人活一辈子,需要的东西还真多。只有婴儿和老人活得最本真。婴儿刚生下来,还不会争、不会论、不会抢、不会夺,而老人已经和别人争过、论过、抢过和夺过了,现在他不得不躺在病榻上,身体破败得像一床棉絮,掐着手指数日子,生命进入了倒计时:"要什么荣华富贵,要什么功名利禄呢?只要让我活着,就好!"是啊,临去之人,其言也善。

可是,为什么年轻时我们不会明白、不会生活、不会将最宝贵的光阴用在最有意义的事情上,而只会较劲,杯弓蛇影,无限矫情?

相信我们在生活中都有过为琐事生气的经历,无非是为了争高低、论强弱,可争来争去,谁也不是最终的赢家。你在这件事上赢了某个人,保不齐会在另一件事上输给他,输输赢赢,赢赢输输。当你闭上眼睛和这个世界告别的时候,你和普天下所有的人是一样的:一无所有,两手空空。

人生在世,最重要的是做一些有意义的事,才无愧于自己美好的生命。不要把时间耗在争名夺利上,不要总把"就争这口气"挂在嘴边。

真正有水平的人会把这口气咽下去，因为气都是争来的，你不争就没气，只有没气你才会做好事情，也只有没气你才会健康地活着，好生气的人很难不生病。

我们可以从绝症患者的眼神中读到痛苦绝望，也可以非常直观深刻地读出他们求生的欲望。

如果你放在他们面前一座金山、一个显赫的位子、一个光荣的称号，他们一定不会感觉幸福，他们的最高愿望只是活着——健康地活着，哪怕住茅屋，哪怕吃糠咽菜，他们也一定不会觉得苦。可是，又有谁能满足他们这个愿望呢？世界上没有一个人能真正地救得了他们！

一个绝症感染者和一个健康人会争什么东西呢？他什么也不会和你争，因为他知道自己是要死的人了，拥有什么和失去什么都会变得没有意义，他只乞求上苍，再给他一次机会，再给他一些时间，他一定好好地活，好好地过……

人活一辈子，不要太浮躁，就算你赢了世界又如何？

开心是一种生命的状态，是一种宁静的心情，是自己想开了的硕果，别人想争也是徒劳。开心让你忘记和别人争名利、论是非，和别人斗心眼儿、生真气，和别人抢位子、夺情感……开心给你一颗坦然的心，给你一个宽阔的视野，给你一个清醒的头脑，让你从忙着斗天、斗地、斗人、精心计算、日夜辗转中摆脱出来，让你明白自己的生活状态，让你明白自己一生到底需要什么，让你明白真正的幸福是什么，在何处，学会宽容。

第九章　点燃热情，
让每天都充满努力的信心

　　在我们每个人的生活中，都需要燃起信念的"灯火"，
当我们被失败和挫折所困扰时，抬头看看前面的灯火，便会
心生勇气和力量，因为那是我们日夜企盼的目标，我们是那
样的希望得到它，又怎会随便放弃呢？

点燃心灵热情的火焰

在生命的旅途中，一定会遇到各种挫折和困境。这时，只要心头有一个坚定的信念，努力寻找，就一定会渡过难关的。

一只航行中的船在大海上遇上了突如其来的风暴，不久就沉没了，船上的人员利用救生艇逃生。在大海中他们被海风吹来吹去，一位逃生者迷失了方向，救援人员也没能在搜寻中找到他。

天渐渐地黑下来，饥饿寒冷和恐惧一起袭上心头。然而，他除了这个救生艇之外一无所有，灾难使他丢掉了所有，甚至还即将夺去他的生命，他的心情灰暗到极点，他无助地望着天边。忽然，他似乎看到一片阑珊的灯光，他高兴得几乎叫了出来。他奋力地划着小船，向那片灯光前进，然而，那片灯光似乎很远，天亮了，他还没有到达那里。

他继续艰难地划着小船，他想那里既然能看到灯光，就一定是一座城市或者港口，生的希望在他心中燃烧着，死的恐惧在一点点地消失，白天时，灯光是自然没有了，只有在夜晚，那片灯光才在远处闪现，像是在对他招手。

一天过去了，食物和水已经快没有了，他只有尽量少吃。饥饿、干渴、疲惫更加严重地折磨着他，好多次他都觉得自己快要崩溃了，但一想到远处的那片灯光，他又陡然添了许多力量。第四天，他依然在向那片灯光划着，最后，他支持不住昏了过去，但他脑海中依然闪现着那片灯光。

晚上，他终于被一艘经过的船只救了上来，当他醒过来时，大家才知道，他已经不吃不喝在海上漂泊了四天四夜，当有人问他是怎么样坚持下来的，他指着远方的那片灯光说："是那片灯光给我带来的希望。"

大家望去，其实，那只不过是天边闪烁的星星而已！

在我们每个人的生活中，都需要燃起这样的"灯火"，当我们被失败和挫折所困扰时，抬头看看前面的灯火，便会心生勇气和力量，因为那是我们日夜企盼的目标，我们是那样的希望得到它，又怎会随便放弃呢？因为，它已在我们的眼前，它已并不遥远了啊！

　　这样的灯火，要燃起在我们的心中，才能照亮我们的心灵，这就是我们的信念，每天都给自己一个信念，有了目标，并向着目标坚定地前进，相信前面一定有属于你的一片光明。

心有所想必有所成

把你的梦想提升起来，接受梦想的牵引吧！记住，现实生活中，往往是心有所想才有所成的。

英格兰有两兄弟，老大想到北极去，而老二只想走到北爱尔兰。有一天，他俩从牛津城出发。结果两人都没有到达目的地，但老大到达了北爱尔兰，而老二仅仅走到了英格兰北端。

一个具有崇高生活目的和思想目标的人，毫无疑问会比一个根本没有目标的人更有作为。有句苏格兰谚语说："扯住金制长袍的人，或许可以得到一只金袖子。"那些志存高远的人，所取得的成就必定远远离开起点。即使你的目标没有完全实现，但是你为之付出的努力本身也会让你受益终身。

几年以前的一个炎热的日子，一群人正在铁路的路基上工作，这时，一列缓缓开来的火车打断了他们的工作。火车停了下来，最后一节车厢的窗户打开了，一个低沉的、友好的声音响了起来："大卫，是你吗？"大卫·安德森——这群人的负责人回答说："是我，吉姆见到你真高兴。"于是，大卫·安德森和吉姆·墨菲——这条铁路的总裁，进行了愉快的交谈。在长达一个多小时的愉快交谈之后，两人热情地握手道别。

大卫·安德森的下属立刻包围了他，他们对于他是墨菲铁路总裁的朋友这一点感到非常震惊。大卫解释说，二十多年以前他和吉姆·墨菲是在同一天开始为这条铁路工作的。

其中一个人半认真半开玩笑地问大卫，为什么他现在仍在骄阳下工作，而吉姆·墨菲却成了总裁。大卫非常惆怅地说："二十三年前我为一小时两美元的薪水而工作，而吉姆·墨菲却是为这条铁路而工作。"

美国潜能成功学大师安东尼·罗宾说："如果你是个业务员，赚一万美元容易，还是十万美元容易？告诉你，是十万美元！为什么呢？如果你的目标是赚一万美元，那么你的打算不过是能糊口便成了。如果这就是你的目标与你工作的原因，请问你工作时会兴奋有劲吗？你会热情洋溢吗？"

梦想越大，成就越高，人生真的是梦做出来的。越是卓越的人生越是梦想的产物。可以说，梦想越高，人生就越丰富，达成的成就越卓绝。梦想越低，人生的可塑性越差。也就是惯常说的："期望值越高，达成期望的可能性越大。"

把你的梦想提升起来，它不应该退缩在一个不恰当的位置，接受梦想的牵引吧！

一个梦想大的人，即使实际做起来没有达到最终目标，可他实际达到的目标都可能比梦想小的人的最终目标要大。所以，梦想不妨大一点，这是人生的哲学。

用信心支撑自己的行动

有两个人同时到医院去看病，并且分别拍了 X 光片，其中一个原本就生了大病，得了癌症，另一个只是做例行检查。

但是由于医生取错了照片，结果给了他们相反的诊断，那一位病况不佳的人，听到身体已恢复，满心欢喜，经过一段时间的调养，居然真的完全康复了。

而另一位本来没病的人，经过医生的宣判，内心起了很大的恐惧，整天焦虑不安，失去了生存的勇气，意志消沉，抵抗力也跟着减弱，结果还真的生了重病。

看到这则故事，真的是哭笑不得，被医生误诊出"重病"后因心理压力大而致真的病重的人是该怨医生呢还是怨自己？乌斯蒂诺夫曾经说过："自认命中注定逃不出心灵监狱的人，会把布置牢房当作唯一的工作。"以为自己得了癌症，于是便陷入不治之症的恐慌中，脑子里考虑更多的是"后事"，哪里还有心思寻开心，结果被自己打败。而真的癌症患者却用乐观的力量战胜了疾病，战胜了自己。

更多的时候，人们不是败给外界，而是败给自己。俗话说"哀莫大于心死"，绝望和悲观是死亡的代名词，只有挑战自我，永不言败者才是人生最大的赢家。

战胜自己就是最大的胜利。与其说是战胜了疾病，不如说是战胜了自己。工作不顺利时，我们常常会找种种借口，认为是领导故意刁难，把不可能完成的工作交给我；认为最近健康状况欠佳，才导致效率不高……心想偷懒，却把偷懒理由正当化，总认为期限还有三天，明天、后天拼一下，今天不妨放松一下。

实际上，战胜困难要比打败自己相对容易，所以有人说："我"是自己最大的敌人。战胜自己靠的是信心，人有了信心就会产生力量。人与人之间，弱者与强者之间，成功与失败之间最大的差异就在于意志力。人一旦有了坚定的意志力，就能战胜自身的各种弱点。

我国游泳教练张健用 50 个小时横渡渤海海峡成功了，成为世界上第一个连续游泳超过 100 公里的人。然而，在这成功的背后，却曾经隐藏着失败的危机，张健在游至中程时曾有过放弃的想法。前几年报道说，世界上著名的游泳健将弗洛伦丝·查德威克，在第一次从卡得林那岛游向加利福尼亚海湾时，见前面大雾茫茫，便放弃了挑战，而此时距岸仅 1 海里。很显然，他并不是不具备能力，而是心理出了问题。

人生最大的挑战就是挑战自己，这是因为其他敌人都容易战胜，唯独自己是最难战胜的。有位作家说得好："自己把自己说服了，是一种智的胜利；自己被自己感动了，是一种心灵的升华；自己把自己征服了，是一种人生的成熟。大凡说服了、感动了、征服了自己的人，就有力量征服一切挫折、痛苦和不幸。"

学会给自己颁奖

上班的路上，看见一个年轻的妈妈带着自己年幼的儿子在门口练习走路。当扶着妈妈的手时，小孩便大胆地往前迈步，可当妈妈把手拿开时，他便站在那儿不敢往前迈步。孩子的妈妈没有去扶他，而是蹲在前面不远处一个劲地说表扬他的话："宝宝真厉害，宝宝一定能走过来……"

我心想那孩子那么小，怎么懂得啥话好听，这一招肯定不管用。谁知过了一会，那小孩居然真的在妈妈的鼓励下向前迈出了小腿，晃悠悠地走了几步，然后一下子扑到母亲怀里。

"宝宝真棒。"年轻的母亲又不住地赞美着自己的儿子。孩子"咯咯"地在母亲的怀里笑着。

年轻妈妈的几句赞美的话，竟能鼓起那么小的孩子的勇气，有了妈妈的称赞与鼓励，小孩将走得越来越远，大人又何尝不是如此啊，大人又何尝不需要赞美啊？

马克·吐温说："只凭一句赞美的话，我可以多活三个月。"人人都渴望得到别人的赞美，赞美是一种肯定，一种褒奖。工作中听到领导的表扬，我们干活便特别带劲；生活中听到朋友的赞美，心情舒畅好几天。

赞美就像照在人们心灵上的阳光，能给人以力量，没有阳光，我们就无法正常发育和成长。赞美能给人以信心，没有信心，人生的大船便无法驶向更远的港湾。

渴望得到别人的赞美毕竟不如自己赞美自己来得容易。既然我们需要赞美，既然赞美可以让我们更上层楼，催我们奋进，那就让我们学会赞美自己吧！当自己考了个好成绩，或是写了一篇好文章，不妨赞美自己几句，为自己喝彩，为自己叫好。不！不需要说出口，不需要任何人的分享，只要一个会心的微笑，只要心灵的一点点波动，这时你就能体会到拥有成功的喜悦，这不仅是对自身的欣赏和肯定，也是对未来的追求和希望，更是用自信再次扬起人生的风帆。不！这也不是自我陶醉。在飞梭似的人生里留下一丝完全属于自己的时间，不要用手去摸，不要用眼睛去看，只要用心去感触，体味一个真实的自己，那一瞬间，你便可以看到前途的光明，看见世界的美好。

一个喜欢棒球的小男孩，生日时得到一副新的球棒。他激动万分地冲出屋子，大喊道："我是世界上最好的棒球手！"他把球高高地扔向天空，举棒击球，结果没中。他毫不犹豫地第二次拿起了球，挑战似的喊道："我是世界上最好的棒球手！"这次他打得更带劲，但又没击中，反而跌了一跤，擦破了皮。男孩第三次站了起来，再次击球。这一次准头更差，连球也丢了。他望了望球棒道："嘿，你知道吗，我是世界上最伟大的击球手！"

后来，这个男孩果然成了棒球史上罕见的神击手。是自己的赞美给了他力量，是赞美成就了小男孩的梦想。也许有一天，我们能像小男孩一样登上成功的顶峰，那时再回首今天，我们会看见通往凯旋门的大道上，除了脚印、汗水、泪水外，还有一个个驿站，那便是自己的赞美。也许有一天你会赢来无数的鲜花和掌声，但你会发现，只有自己的赞美才是最美最真实的！

心态确实可以决定一切

米卢有句话说：心态决定一切。

事实上，我们也经常看到运动员在比赛场上因为心态的起伏变化而导致结果的出人意料。心态左右着我们对人对事对环境的看法，而这看法又决定了我们对人对事的态度。

从前有一位智慧老人，每天坐在加油站外面的椅子上，向开车经过镇上的人打招呼。

这天，他的孙女儿在他身旁，陪他慢慢地共度光阴。他俩坐在那里看着人们经过，一位身材很高看来像个游客的男人（他们认识镇上每个人）到处打听，想要找地方住下来。

陌生人走过来说："这是个怎样的城镇？"

老人慢慢转过来回答："你来自怎样的城镇？"

游客说："在我原来住的地方，人人都很喜欢批评别人。邻居之间常说别人的闲话，总之那地方很不好住。我真高兴能够离开，那不是个令人愉快的地方。"摇椅上的老人对陌生人说："那我得告诉你，其实这里也差不多。"

过了个把小时，一辆载着一家人的大车在这里停下来加油。车子慢慢开进加油站，停在老先生和他孙女儿坐的地方。一位母亲带着两个小孩子下来问哪里有洗手间，老人指着一扇门，上面有根钉子悬着扭歪了的牌子。孩子的父亲也下了车，问老人说："住在这市镇不错吧？"坐在椅子上的人回答："你原来住的地方怎样？"

孩子的父亲看着他说："我原来住的城镇每个人都很亲切，人人都愿帮助邻居。无论去哪里，总会有人跟你打招呼，说谢谢。我真舍不得离开。"老人看着孩子的父亲，脸上露出和蔼的微笑："其实这里也差不多。"

然后那家人回到车上，说了谢谢，挥手再见，驱车离开。

等到那家人走远，孙女儿抬头问祖父："爷爷，为什么你告诉第一个人这里很可怕，却告诉第二个人这里很好呢?"祖父慈祥地看着孙女儿美丽的双眼说："不管你搬到哪里，你都会带着自己的态度；那地方可怕或可爱，全在于你自己!"

其实生活对我们每个人都是公平的，只是心态的不同造就了人生的不同。把握好你的心态，心态决定一切，不是不切实际的幻想，而是自己主宰自己的有效保障。

乐观面对自己的前途

人生如同一只在大海中航行的帆船，掌握帆船航向与命运的舵手便是自己。有的帆船能够乘风破浪，逆水行舟，而有的却经不住风浪的考验，过早地离开大海，或是被大海无情地吞噬。

之所以会有如此大的差别，不在别的，而是因为舵手对待生活的态度不同。前者被乐观主宰，即使在浪尖上也不忘微笑；后者是悲观的信徒，即使起一点风也会让他们胆战心惊，让他们祈祷好几天。一个人或是面对生活闲庭信步，抑或是消极被动地忍受人生的凄风苦雨，都取决于对待生活的态度，态度决定命运，态度决定人生。

生活如同一面镜子，你对它笑，它就对你笑；你对它哭，它也以哭脸相示。持有什么样的心态，也就决定拥有什么样的人生结局。

悲观主义者说："人活着，就有问题，就要受苦；有了问题，就有可能陷入不幸。"即使一点点的挫折，他们也会千种愁绪，万般痛苦，认为自己是天下最苦命的人。一如英国哲学家罗素所形容的"不幸的人总自傲着自己是不幸的"。悲观主义者用不幸、痛苦、悲伤做成一间屋子，然后自己钻了进去，并大声对外界喊着："我是最不幸的人。"因为自感不幸，他们内心便失去了宁静，于是不平、羡慕、嫉妒、虚荣、自卑等悲观消极的情绪应运而生。是他们自己抛弃了快乐与幸福，是他们自己一叶障目，视快乐与幸福而不见。

乐观主义者说："人活着，就有希望；有了希望就能获得幸福。"他们能于平淡无奇的生活中品尝到甘甜，因而快乐如清泉，时刻滋润着他们的心田。

任何事物本身都没有快乐和痛苦之分，快乐和痛苦是我们对它的感受，是我们赋予它的特征。同一件事情，从不同角度去看待，就会有不同的感受。一个人快乐与否，不在于他身处何种境地，而在于他是否持有一颗乐观的心。

对于同一轮明月，在被泪眼蒙眬的柳永那里就是："杨柳岸，晓风残月。此去经年，应是良辰好景虚设。"而到了潇洒飘逸、意气风发的苏轼那里，便又成为："但愿人长久，千里共婵娟。"同是一轮明月，在持不同心态的不同人眼里便是不同的，人生也是如此。

上天不会给我们快乐，也不会给我们痛苦，它只会给我们生活的作料，调出什么味道的人生，那只能在我们自己。你可以选择一个快乐的角度去看待它，也可以选择一个痛苦的角度，如同做饭一样，你可以做成苦的，也可以做成甜的。所以，你的生活是笑声不断还是愁容满面，是披荆斩棘、勇往直前还是畏手畏脚、停滞不前，这全不在他人，都在你自己。

朋友，乐观是一个指南针，让你驶向成功的彼岸，阔步前进；乐观是一剂良药，可以医治苦难的伤痛。为了美好的人生，请让乐观主宰你自己！

让自信成为心灵减压阀

世界上没有两片完全相同的树叶，人也是这样，每个人都是上帝的宠儿，都是独一无二的，所以我们应该相信自己。

我们每个人在世界上都是不可替代的。从生理学上说，每个人都具有与众不同的特征，包含DNA、指纹等。从社会学上讲，每个人的社会关系也是与众不同的。所以这个社会离不开每个人，所以我们应该自信，只有自信才能自强，只有自强才能演好自己的角色，不管是主角还是配角。

自信的人，不会自卑，不会贬低自己，也不会把自己交给别人去评判。

自信的人，不会逃避现实，不做生活的弱者，他们会主动出击，迎接挑战，演绎精彩人生。

自信的人，不会跟自己过不去，只会鼓励自己。他们会既承担责任，又缓解压力，他们会在生活的道路上游刃有余，笑看输赢得失。

自信是一种心理状态，可以通过自我暗示培养起来。如果通过反复不断地确认，觉得相信自己会得到自己想要的东西，然后传递到潜意识思维里面去，它就会带来这样的成功，因为它的主要任务就是让你实现自己想得到的人生目标。积极的自我暗示，意味着自我激发，它是一种内在的火种，一种流动快捷的自我肯定；它可以使我们的心灵欢唱，建立自信，走向成功。

自我暗示的方法很多，每个人遇到的压力不同，自我暗示的方法也不会相同。具有"东方艾柯卡"之称的秒目志郎曾提出达到自我暗示的六个条件，分别是：

经常输入伟人的事情。把自己推崇的伟人的资料输入自己的大脑，经常用他们奋斗的精神来激励自己。

相信语言的力量。经常用一些诸如"我能行"、"我一定能渡过难关"之类的话语来激励自己，增加自信。

了解重复的重要性。连续不断地重复，不但内心深处能相信可能性，也会让自己排除压力，充满自信。

　　决定终点线。量化目标，让自己经常品尝成功的喜悦，能有效增强自信。

　　设定预想的困难。事先把困难考虑到，当真的障碍物横亘面前时，便不会气馁、灰心，即使受到挫折，因为事先心理有准备，也不会轻易放弃。

第十章 十年磨剑，在生命的每一刻都尽力而为

条件不如人，与其生气不如争气，与其认命不如拼命。冬梅忍住了刺骨寒冷，才能散发出沁人的幽香；只要拥有一份执着的信念、永不放弃的精神，才能绝处逢生。怨天尤人，只会增加自己的"气包"。倒不如，把所有的怨气运用到自己的斗志上，虽然很苦，殊不知，"宝剑锋从磨砺出，梅花香自苦寒来"，只有在艰苦的环境中磨炼自己，才能为以后的成功铺平道路。

不为自己寻找借口

在困难与失败面前，只找借口是一种懦夫的行为，寻找解决的办法，才是真正的勇士气概。

一个人的一辈子，不可能一直一帆风顺，就算没有大失败，也总会遭遇一个个小挫折。造成失败的原因有很多，可能是一时疏忽，也可能是外界因素的阻挠，还有可能是自己能力的不足。面对失败，有些人堂而皇之地找出许多为自己辩解的理由，要么抱怨别人的不配合，要么抱怨老天爷的不公平，实际上这都是在为自己的失败找借口。这种人从来不会正面客观地分析失误的原因，只会一味地埋怨，总是自以为是，把过错全部推得一干二净，这种人注定了会被社会淘汰出局。

不管是在工作上，还是学习上，都不该为自己的失误找借口，只有全力以赴地投入去做，才能做到最好。一个只会为自己找借口的人，永远都不会有进步，更不会有突破。其实生活中，这样的人并不占少数，你我都可能是其中一员，早上不愿早起就告诉自己是因为外边天实在太冷了，受不了零食的诱惑就告诉自己其实吃一点不会胖。所以很多事情我们如果不想做，就会找到很多借口来让自己的心理达到平衡，如果我们想做，也会千方百计地找出借口为自己开脱，结果到最后只能是无所作为，自毁前程。世上没有不劳而获的东西，成功和荣誉只属于那些肯埋头苦干和倾心付出的人。

为自己找借口，有害无益

在日常生活中，我们也经常会看到"找借口"的现象，上班迟到了就把路上堵车作为借口，工作时不能按时完成任务就把任务量太大作为借口，考试考砸了就把感冒作为借口，做生意赔了就把同行抢生意作为借口，总之，太多了。其实，失败已成定局，怨天怨地怨到最后还是得怨自己。不要给自己找借口，因为借口找得时间长了，很容易就让我们的生活和工作态度发生偏差，事业心慢慢地也会松懈下来，也就很难会再有所作为了。

不给自己机会找借口，就是要把自己放在悬崖边上，让自己没有退路可走，让自己心里承受巨大的压力，然后去拼搏去奋斗。看来似乎有些不近人情，但也只有这样，才能最大潜力地发挥自己的潜能，正所谓：置之死地而后生。所以，丢弃那冠冕堂皇的借口吧，我们要时刻警示自己，借口只能成为我们成功路上的绊脚石，借口对自己来说是有害而无益的。

小学的课本上有过这样一篇文章：在森林里，住着一群快乐的小鸟，这些鸟儿辛勤地劳动，快乐地歌唱。在这群鸟中有一个叫"寒号鸟"的小鸟，它有一身令其他小鸟羡慕的羽毛和一副婉转嘹亮的歌喉，为了卖弄自己的羽毛和嗓子，它飞来飞去四处炫耀，看到其他鸟儿都在辛勤地劳动，它还不停地嘲笑它们，好心的邻居提醒它：寒号鸟，冬天快要来了，你赶快垒个窝吧，要不然怎么熬得过寒冬呢？寒号鸟轻蔑地说："急什么，冬天离现在还早着呢。干吗不趁着大好的时光尽情地玩耍呢？"就这样，随着时间一天一天地过去，冬天很快就来到了，其他的鸟儿都在温暖的窝里休息，寒号鸟却在寒风中冻得瑟瑟发抖，它那美丽的歌喉再也婉转不起来了，只能在寒风里哀嚎："多罗罗，多罗罗，寒风冻死我，明天就搭窝。"可是到了第二天，当寒号鸟沐浴在温暖的阳光下时，寒号鸟就忘记了昨天晚上的痛苦，又卖弄起了嗓子，就这样又过了几天，大雪突然降临，鸟儿们都在奇怪寒号鸟怎么没有哀号呢？原来寒号鸟早已经被冻死了。

虽然这只是一个童话故事，但是却寓意深刻，如果寒号鸟不是为自己找借口，它也不至于落得如此悲惨的下场。正如有些人对自己的过错总会想出千百种借口将其掩饰起来，其实过错很容易发现。但是人们大多有个通病，明知道错了，可是下一秒钟就会为自己找出借口，于是越想越觉得自己没错，等到过错大得无法弥补才后悔莫及。所以说，为自己找借口有害无益，真正的强者错了就会敢于承认，从不拖延，而且勇于改正。

为成功找方法，才是硬道理

为成功找方法才是硬道理，一个人有过错没什么关系，有句话说：君子之过如日月之蚀。意思是说，一个真正的君子就和太阳月亮一样，偶尔有一点黑影都看得见，但总会过去，然后依然绽放原有的光明。古人也有云：过而能改，善莫大焉。谁都会犯错，关键是要看用什么样的态度面对过错，犯了错误不知道悔改，才是真正的错误。

要做到不为自己找借口，就必须要有一颗平常心。如果总是抱着侥幸的心理而疏于努力，成功当然要与我们擦肩而过，其实很多时候，失败正是缘于找借口造成的。不愿承担责任，口口声声喊着自己也是受害者，把过错全都推到别人身上，可以想象，这样不断地找借口，我们自己也永远不会有进步，糟糕的结局也就会不断发生，这样的恶性循环究竟什么时候才是个头儿呢？只有静下心来，为下一步的成功找到正确的方法，才能够停止失误的出现。

有人不把失败当成一回事，因为有太多的语言足以让他们对失败不屑一顾，比如"失败乃成功之母"，再比如"胜败乃兵家之常事"，还有"大丈夫能屈能伸，不拘小节"等。这些都会成为失败的人为自己找的借口，为自己找借口的人常常不承认自己的能力有问题，比如判断能力、管理能力。也许有些失败确实因为某些客观上的因素，但还是不要把这作为失败的借口为好，一旦养成了习惯，就可能错过了探讨真正失败原因的机会，对日后的成功毫无帮助。总而言之，如果失败，完全可以从自身去查原因，败局已经注定，借口不能扭转局面，与其只是抱怨，为什么不静下心来做一些有意义的事呢？查找失败的原因，寻找正确的方法才是最重要的。

历来有所成就的人都富有开拓和创新精神，他们绝不会不经努力就事先找借口。失败的人之所以陷入困境，就是因为他们时时刻刻做好了为自己找借口的准备，如果失败了可以把借口拿出来做挡箭牌。平庸的人之所以平庸，就是因为他们总是拿各种各样的理由来欺骗自己。而一个不会为自己找借口的人，只会一心想如何解决困难，如何推掉绊脚石，绝不会给自己机会退缩，这才是通向成功的通行证。

端正态度，成败就在一瞬间

不可否认，当困难出现时，只要我们去找借口，总可以找到一大堆，而且许多借口还十分有道理。不过，也正是由于这些借口，让我们无形当中减轻了挫败感和内疚感，就算是真的失败了，我们得到的教训也不深刻，对下一次的成功自然也就埋下了隐患。可以说，这些借口注定了失败的出现。所以我们要改变自己的态度，要成为一个勇于承担责任的人，要做一个不抱怨、不责备、不消沉不为失败找借口的人。学习不好，工作不好，生活不好，都是我们自己的问题，我们必须这样想，才会真正地激励我们自己。

无论在什么时候，心态最重要，端正的态度是我们走向成功的前提。只要有坚定正确的信念，就没有到达不了的彼岸。今天的任务不要给自己借口放到明天去做，这次的失误不要给自己理由推给老天，要记住，成功的人永远在找方法，而失败的人总是在寻借口。

忘"我"让你赢得一片晴朗

忘我是走向成功的一条捷径，只有在这种环境下，人才会超越自身的束缚，释放出最大的能量。

1858 年，瑞典的一个富豪人家生下了一个女儿。然而不久，孩子染上一种无法解释的瘫痪症，丧失了走路的能力。

一次，女孩和家人一起乘船旅行。船长的太太给孩子讲过船长有一只天堂鸟，她被这只鸟的描述迷住了，极想亲自看一看。于是保姆把孩子留在甲板上，自己去找船长。孩子耐不住性子等待，她要求船上的服务生立即带她去看天堂鸟。那服务生并不知道她的腿不能走路，而只顾带着她一道去看那只美丽的小鸟。奇迹发生了，孩子因为迫切地渴望，竟忘我地拉住服务生的手，慢慢地走了起来。从此，孩子的病便痊愈了。女孩子长大后，又忘我地投入到文学创作中，最后成为第一位荣获诺贝尔文学奖的女性，她就是茜尔玛·拉格萝芙。

还有一个故事。一位患有心脏病的妈妈，去买菜的时候把孩子放在家里玩，孩子玩的气球飞出了窗户，于是孩子就爬上窗户去拿气球，这一幕正好被买菜回家的妈妈看到了，她扔下菜篮子，以最快的速度飞奔过去，用自己的身体接住了从 7 楼坠下的孩子，孩子安然无恙，可是，患有心脏病的妈妈却永远地走了，她甚至没来得及多看一眼自己的孩子。过后，有人做过测试，从妈妈当时的位置，到孩子落地的位置，让一个身强力壮的年轻人拼尽全身的力气去接和孩子同一楼层坠落的布娃娃，都无法接住！专家说，从那位母亲扔篮子的位置跑到孩子坠落的位置，让一个世界级的短跑冠军在那么一瞬间都不可能跑到并接住孩子。可是，一个身患心脏病的女人，却创造了奇迹，那么支撑她的是什么？是对孩子的爱，是忘我的精神。

人生的旅途上处处布满了荆棘，鼓起你的勇气，大步向前走！请相信，路是人踏出来的，谁一生下来就会走路、就会写字？别再怕人嘲笑，要知道这世界上除了你自己，没有人更在乎你，别再红着脸腼腆地说"我不行"。请迈开步伐去拼搏、奋斗吧，别因身体孱弱而退缩，经不起风浪的鱼儿不能跃出水面，躲在安乐窝中的雏鹰终究无法在苍穹下翱翔。不要怕跌倒，不必担心失败，伟大发明家爱迪生在面对试验失败时从不气馁。有人嘲笑他时，他敢自豪地说："我发现一千多种物质不适合做灯丝。"这是怎样的勇气和信心啊！

万事总是开头难，义无反顾地面对挑战，迈出决定性的第一步，紧接着就会有第二步、第三步……别说"我不行"。"我不行"永远是一种怯懦的表现，是为自己筑造一堵高墙。一个自信并勇于开拓进取的人，四周总是充满阳光，世界上没有平坦的路可走，只有在崎岖不平的路上不断攀登，才能达到胜利的顶峰。

忘我是人生的最高境界。佛教里，忘我才能进入禅定的境界；棋坛上，忘我才能取得胜利；战场上，忘我才会不顾一切地去冲杀，最后反败为胜。普通人走进忘我的境界，便可能做到平时绝不可能做的事。所以奉劝所有的朋友，不要老说"依我的能力办不到"，豁出去，试试看吧，或许你会发现：一切皆有可能。

苦难是成功道路上的垫脚石

苦难对我们来说不一定就是一件坏事，任何人的一生都不可能一帆风顺，既然苦难一定会出现，那为什么不笑着迎接它呢？

应该说，我们每个人从一出生就注定了要和苦难结缘，苦难是人生道路上一个不可或缺的要素，不管你愿意与否，都会与它不期而遇。面对苦难，人们大多有两种态度，一种是主动迎接，一种是消极承受。于是这两种人便有着截然不同的结果，前一种人可能有"过五关斩六将"的辉煌，后一种则只能败在苦难的脚下，更加平庸。

面对着苦难的考验，也许有时候我们顺利通过了，但也许我们承受更多的失败和难以接受的痛苦。不过千万不要把苦难当成人生中的不幸，如果我们把苦难当成黎明前的暴风雨，当成取得成功前必须要承受的磨炼，那么苦难就会为我们带来一笔不菲的财富，更是一种宝贵的精神食粮。所以，苦难不是我们的绊脚石，相反，它是我们人生道路上的垫脚石，我们要借着它才能走得更高更远，才能收获更多的幸福。

苦难是通往成功的阶梯

不少人怨恨苦难，诅咒苦难，也有不少人感谢苦难，因为苦难让他们学会成长。苦难就像一把枪，它可以杀人，也可以救人，但是要看它掌握在谁的手中。高尔基曾说过："不幸是所最好的大学。"是的，其实苦难是一件宝物，如何让这件宝物最大限度地发挥它的功能，就要看你用什么样的心态去面对，如果端正了心态，苦难就会成为通往成功的阶梯。

在体会和感悟苦难的过程中，我们可以慢慢学会吃苦的精神，从而可以修正我们的人生观，锻炼我们的意志力，这不正是成功的人生所必备的条件吗？苦难好比是一把双刃剑，对于目光短浅、意志薄弱的人来说，它确实足以让他们措手不及，让他们美好的希望瞬间化为泡沫，甚至摧毁他们的一生。然而，苦难对于有着坚定信念的人来说，是一种强大的精神动力，借着这股动力，他们可以创造出更大的成功，大凡成功者，又有哪个不是历经苦难才到达目的地的呢？

路是靠自己走出来的，与其埋怨发泄，倒不如坦然面对，也许这个过程既坎坷艰辛又刻骨铭心，但是我们乐于承受，在这个过程中我们才能发现自己肩上所负的重担，才能发现自己的人生价值。我们都熟悉的《孟子》中有一段话。"天将降大任于是人也，必先苦其心志，劳其筋骨，饿其体肤，空乏其身……"，只有经受得住苦难考验的人，才能担得起大任，才能踏上辉煌的前程；只有一个愈挫愈勇的人，才是一个成熟的人，才会有"梅花欢喜漫天雪"的难得品质。

所以，苦难是一种不幸，也是一种幸运，它让我们从是非曲直中端正自己，让我们可以通过苦难到达人生的理想王国。苦难照亮了我们的黑夜，让我们更有勇气去迎接即将初升的太阳，苦难让我们更加懂得珍惜，让我们获得无穷的力量，让我们懂得生命的意义。它使我们的意志更加坚定，经历过一次次苦难，我们战胜了一场场凄风苦雨，经历过一次次苦难，我们就会多了一份创造奇迹的力量，便获得一次次人生的美丽绽放，我们的生活也将因此更加充满意义。

战胜苦难，感谢苦难

苦难源于外界，战胜苦难的意志源于内心，人的能力有高低之分，但只要坚强不屈、自强不息，时刻保持良好的精神状态和拼搏向上的进取精神，就是战胜苦难的最好武器。要坚信自己能操控苦难并将它转变为成功的"垫脚石"，然后踏上它创造出属于自己的辉煌。所以，面对苦难，首先要有战胜它的信心，如果自己放弃了自己，那无论别人给予多少帮助，也挽回不了注定失败的结局。一个成功人士曾经讲过：大多数的失败者其实不是被苦难打败，而是自己先放弃了希望。只有一次次倒下又一次次站起来的人才能改变自己的命运，苦难让他们更加光芒四射。

每个人在遇到苦难的时候起初都可能感到十分沮丧，感到很无奈。其实一旦等到事情过去以后再回头看时才会发现，原来是自己把苦难扩大化了，实际上根本没有什么，只是自己少见多怪罢了。生活中本来就时时会有苦难来做客，我们只要微笑着招待它们，它们也就不会太为难我们，生活的乐趣也许就在于战胜了一个个大大小小的苦难，这样我们才不断会有成就感，如果没有了这些苦难做调味剂，生活岂不是很没意义？

在苦难面前，我们不能抱怨，更不能逃避，一个人要想有所作为，就必须要经历比常人更多的苦难，抱怨苦难只会让我们更显失落，愈加脆弱。命运掌握在我们自己的手中，能够改变命运的也只有我们自己，若能经受住种种苦难的考验，那么我们的人生不仅是亮丽的，还会发出神圣的光芒。成功地走过一个个苦难的历程，我们便会成为生命的强者。

所以，我们要对苦难说一声：谢谢！感谢我们成长过程中所有的苦难；有了苦难，我们稚嫩的双肩才变得更加有力量，才能承担起生活的重担；有了苦难，我们才有深刻的自信和执着的抗争，才让我们从幼稚走向成熟；有了苦难，我们才学会了坚强，学会忍耐，学会了适应环境和改造环境。不经苦难，我们就感受不到成功的喜悦，实现不了辉煌的人生；不经苦难，我们就无法雕刻出坚贞不屈的性格，拥有不了灿烂的人生。没有苦难，我们的生活就不会有滋有味，我们也无法大笑着向所有人喊：我活得如此潇洒。是的，命运因苦难而显得坎坷，但也只有经历坎坷的人生才会更加精彩。

正视苦难，活出精彩人生

不同的人用不同心态与方式去面对苦难，消极无奈自然不是可取的方法。所谓正视苦难，就是把苦难看作是一种挑战，想要战胜它就必须有坚强的意志，不屈的勇气。并且我们要主动迎上，人生如逆水行舟，不进则退，所以我们不能等着苦难找上门来，要在我们感受到苦难即将来临的时候就要做好一切准备，就像人们生病一样，发现得早就可以更容易治好，一旦等到病毒侵入五脏六腑，想痊愈恐怕就要费一番功夫了。

苦难像是一杯苦茶，不过越品越有味道；苦难像是一个音符，越听就越陶醉其中；苦难又是一种境界，经历得越多人也就越超脱。可以说，苦难是智慧者的启迪，是锻造成功者的大熔炉，苦难，永远是成长最好的搭档。精彩的人生，需用苦难来装点，没有苦难的人生，就不是一个完整的人生。

学会变怨气为争气，来"填饱"自己的底气

愚蠢的人只会生气，聪明的人懂得去争气，积极向上，夯足自己的底气，才是最好的方法。

在生活中，人总是会有顺境，也有逆境，人的一生有巅峰，也会有谷底。每个人都希望自己被人重视、受人尊重、得到大家的欢迎，但有时又难免会被人嘲弄、受人侮辱、遭到别人的排挤。生活在给了我们快乐的同时，也给了我们数不清的失落和伤心，真正的人生需要磨炼，面对这些不如意，如果只是一味地抱怨、生气，那么就注定了你永远是个弱者；而真正的强者是学会坚强，积极向上，以平和的心态让自己做得更好，这样才能使自己的人生过得更快乐更充实，正如人们常说的把怨气变为争气，给自己足够的底气。心中咽下了怨气，才能争气。

不要计较别人对自己的看法

难听的话像一把锐利的剑，可以直接刺穿你的心脏，不过你也可以在它刺向你的时候伸手握住它，使它成为你的利器。有的人能够很坦然地面对这一切，表面上不动声色，暗地里却鼓足了劲儿，发誓有一天要让别人大吃一惊，痛并快乐着；有的人成天为一点小事火上心头，甚至悲观丧气，怨天尤人，结果只能让别人更加看不起自己。所以不要让自己的人生充满了遗憾，换个角度想想，如果我们自己足够优秀，会得到别人的嘲讽吗？为什么不能坦然地面对这一切呢？俗话说：不争馒头争口气。让自己快乐起来的最好方法就是为自己打气，让自己做得更好。当我们走过一个个困境时，我们就会发现自己变得更强大了，懂得的也更多了。

人生多变幻，这是不幸，也算是幸运，因为它给了我们努力的希望和勇气。当然了被人欺负、不受尊重、事与愿违，这些不论放在谁身上都会生气的事，可

是话又说回来，光发怨气有用吗？可以解决实际问题吗？当然不能。所以，我们不能只怨天尤人，我们要做的就是不要让自己小肚鸡肠，不要让自己斤斤计较那些虚无缥缈的名利，不要为眼前暂时的不幸而悲观，不要在乎别人的说法，我们只要在人格上、智慧上和力量上使自己更加强大，许多问题就会迎刃而解了，把怨气变为争气就是这个道理。

将自己充实好，将不足的地方改进得更圆满，将专业知识更充实，不求有很大的收获，最起码要做到一天比一天进步，下次再遇到这样的情况，我们就可以抬起头来做人，别人就是想欺负也没有理由了。人生的道路永远是要向前进的，如果只是在原地埋怨，而不争气改变现状，那将永远只有生气的份儿了。

怨气变争气的妙招

现实生活中，人人都在忙碌，忙工作，忙学习，有些人做起事来如鱼得水，游刃有余，而有些人却四处碰壁，乱发脾气，不仅搞得自己心情不佳，也让周围的人跟着遭殃。更何况发脾气只能证明自己的能力不佳，这又是何苦呢？静下心来想一想，为什么只有我一个人这么的不如意呢？想一想那些有成就的人吧，他们是不是遇到了问题也像你一样气急败坏、怨气冲天地指责这世道的不公呢？既然他们有了成就，就自然有一套成功的解决问题的好办法。他们遇到了困难总能够沉着冷静，想办法去解决，从不埋怨，更不会把责任推到别人的身上。你无法改变别人，但是完全可以改变自己，假如你把你发怨气的时间用来发展自己，强大自己，暗暗地争口气，等到出成绩的时候他们就会对你刮目相看了。

每个人都希望自己做得很优秀，因此，在遇到烦恼与挫折时，千万不能成天处于悲愤与怒火中，否则事情就会搞得一团糟。愚蠢的人只会有怨气，而聪明的人懂得去争气，懂得如何去面对生活中的不如意。人最重要的是摆正自己的心态，积极地面对一切，如果只会抱怨与生气，最终受伤害的还是你自己。最好的方法就是能心平气和地坦然面对一切，并且积极地使自己做得更好。也只有这样，一个人才能有积极的进步，才能每一天都过得充足而快乐。

要有坚决为自己争一口气的毅力和气概，与其总是在生别人的气，不如学会自己跟自己斗一口气。有人说我们能力不够高，那就高给他们看看；说我们事情做得不顺利，那就顺给他们看看。总之，自己一定要争口气，不过这话说起来容易做起来难，因为这中间有一条很多人跨越不了的鸿沟，那就是他们缺少一种坚定的志气与毅力。所以我们首先要克服自己的内心，让自己有足够的毅力和坚定的信心。

只有缺乏底气的人才会动不动就有怨气，底气足的人是不会瞎生气的，因为没有足够的底气，就意味着没有足够的能力，自然也就缺乏足够的勇气。而事实上，争气靠的就是实力，实力够了争气自然就水到渠成。有了足够的底气之后还要做到能够善于忍让，因为争气并不是要我们事事都去争都去抢，那样只会争来一肚子气。相反，凡事多忍一忍、让一让，事情就会比原来好办多了，所以我们必须要明白曲径通幽的道理。

要有淡泊的心理，凡事不可强求，有些事情在条件不成熟的情况下很难完成，如果一味强求肯定与期待中的不一样，拥有一颗平淡的心，遇到事情波澜不兴、宠辱不惊，任凭风吹浪打，我自闲庭信步。这样的心态自然会让我们远离怨气，也无须用争气来证明自己了。

甩掉怨气，生活更美好

其实说白了，人为什么容易生气？就是因为心态过于浮躁，为什么总会失败？就是因为你遇到困难时只会生气。在生活中，我们发现，只要我们愿意去关注，身边的是非永远也少不了，如果我们身陷其中，就难免不受气。不过没有人会愿意生气，遇到不如意之事时，最好的办法就是远离是非之地、是非之事和是非之人。争气上进，快乐自由，摆正自己的心态，平心静气，积极上进，使自己做得更好。此所谓：怨气不如争气。

学会接受生活考验

生活的考验对于任何人来说都是一种挑战，如果能架得住这样的考验，那我们的人生无疑将会更上一层楼，如果不能，我们的生活将停滞不前，甚至一无所有。

"宝剑锋从磨砺出，梅花香自苦寒来"，这句千古名句不知被多少人传诵。宝剑因为经受住了打磨历练的考验才显得锋利，梅花因为经受住了酷寒的考验才绽放了美丽。人生也是一样的，生活中处处都充满了考验，只有经受住了考验，我们才能像梅花一样展示自己的才能，实现自己的人生价值。

世间的万事万物都是相对来说的，虽有些考验很残酷，可是只要你充满了必胜的信心，考验自然就不成考验了，无形之中就会被你强大的气势压下去。你强，它就弱。明白了这个道理，我们就能够更加客观理智地面对生活中的一切不如意了。

坦然面对生活的考验

生活中我们时时刻刻都会遇到一些麻烦事，当麻烦来临时，也就是考验你的时刻到来了，我们要笑着迎接。俗话说："玉不琢，不成器。"我们要用坦然面对的心态来面对这一切。每一个成功的人背后总会有一些辛酸的历史，他们接受的考验有很多都是我们无法想象的。所以，当我们接受考验时，如果能熬过去，我们便会离成功近一点，挺不过去就会注定了失败的结局。所以，如果你想要做生活的强者，就要勇于接受生活中的考验。

海伦·凯勒是我们大家都熟悉的一个名字，她毕业于著名的哈佛大学，是美国知名的作家和教育家，可是她的一生充满了坎坷。在她只有 19 个月大的时候，因为患上猩红热而导致失明和失聪，一个可爱的孩子就这样成了一个既无视力又无听力，同时也不具备说话能力的人。这样的考验是太过残酷了一点，不过海伦·凯勒却以她惊人的毅力创造了一个辉煌的人生。在她 7 岁的那年，父母为她请了一个家庭教师，就是影响了她一生的伟大的安妮·沙利文。沙利文小时候眼睛也差点失明，正因为如此，她了解海伦·凯勒看不到东西的痛苦，便耗尽了她的一生让海伦学会了手语，学会了说话，海伦也令人敬佩地克服了所有的障碍，并且还完成了大学学业，这真是一项奇迹中的奇迹。命运对海伦·凯勒真的是太无情了，如果换成他人，可能早就自暴自弃，甚至放弃了自己的生命。可是，海伦·凯勒没有，她勇敢地接受了生活对她的考验，并且在文学方面取得了很大的成绩。在残酷的考验面前，海伦·凯勒以惊人的毅力挺了过来，所以她成功了。她的作品畅销海内外，她的故事被拍成了电影，她用她坚强的意志感动了全世界的人民。

面对生活的考验，海伦·凯勒尚且能够勇敢地接受，那我们还有什么理由后退呢？考验，是人生必不可少的一道门槛，只要我们活着，只要我们想进步，就必须要面对。也许生活让我们忍受着无穷无尽的孤独，也许生活在不断地打击我们的激情和自信，也许生活要我们沦落在不断的迷失和寻找的轮回中，也许生活根本不给我们一丝一毫的喘息机会，但是我们自己绝对不可以在考验面前低下高贵的头颅，我们要坦然地面对考验，然后战胜考验，最后超越考验，这并不是遥不可及的事情，只要我们努力，没有什么是不可能办到的。

勇敢接受风雨的洗礼

每个人都有追求，有梦想，所谓"一分耕耘，一分收获"，在实现梦想的过程中，如果不流些汗水不吃些苦头就很难成功，可以这样说，你经受住的考验越多，你所拥有的成功就越多。考验就像是黎明前的暴风骤雨，只有挨过去了这些，我们才能够看到初升的太阳。一位名人曾说过："人的生命如洪水奔流，不遇见岛屿和暗礁，就难以激起美丽的浪花。"

人生不如意事十之八九，又何必过于在意暂时的痛苦呢？也许心依然隐隐作痛，也许喉咙依然哽咽难受，但是一定要告诉自己挺下去。既然考验来了，我们就不能回避，痛苦只是短暂的，而我们还有一辈子的人生要走，要知道今天的艰辛只是为了明天的顺利，只要我们不服输，只要我们有信心坚持到底，走过这艰难的时刻，就一定可以看到风雨后的彩虹，要知道，没有人可以随随便便就成功。

《送东阳马生序》的作者宋濂就是一个从小家境十分贫寒的人，连买书的钱都没有。为了能够读书，他到处向别人借书，然后就自己抄，边抄还要边计算着什么时候该还书。到了冬天，天气太冷，把他的手都冻僵了，可是他从不放弃抄书。长大后，他离开家在外求学，住在旅店里，由于太穷，他每天节衣缩食，一天只吃两顿饭，饭菜也只是粗茶淡饭，而且他身边的同学都是富家子弟，都看不起他这个穷小子。面对生活给予他的考验，宋濂都挺了过来，他克服了很多恶劣的天气，忍受了无数次同学的讥笑和老师的脾气，他把生活对他的考验都化为了学习的动力。功夫不负有心人，最后他成功了。

现在看来，宋濂经受的考验在我们看来都是难以想象的，他的成功就在于他勇于接受生活的考验，克服了重重的困难。考验是一块试金石，它可以试出许多人才，当然也会试出许多的庸才来。生活中的考验是没有人可以帮我们渡过的，我们只能靠自己，只有自己可以超脱自己，要明白脸上的泪水很快就会转为微笑，只有品尝过苦才会知道甜，所以，只要我们有恒心和毅力坚定地走下去，我们就可以攀登上另一个人生的高度。

勇于接受考验，打造成功人生

自古以来，人们都认同"逆境出人才"的道理。只有经受得起考验的人，才能算是真正的强者，当一个人镇定地承受着一个个的考验时，他的美就从灵魂中释放出来。生活就是这么悲喜交加，一个人必须经常接受考验，才能独立自主不依赖别人；通过考验，才可以了解别人，才能够更加正视自己；通过考验，才能不断地丰富自己的阅历，才能提高自己的办事能力，才能让智慧更大潜力地发挥；更重要的是，只有接受了考验，才能有发自内心的笑，才能更有勇气继续生活，才会更加坦然地面对即将到来和还未到来的考验。把考验扛在肩上，幸福才能悄悄地来到身边。

不能如愿而行，也要尽力而为

也许我们无法让自己变得足够坚强，也许我们无法让自己变得足够自信，也许我们更无法让自己志在必得，但我们可以给自己一份平和的心态，时时对自己说：即使不能如我所愿，但我也要尽力而为。一个人的能力总是有限的，不可能对每一件事的成功都有把握，但只要尽力而为，就会志在必得，但我们可以给自己一份平和的心态，时时对自己说：即使不能如我所愿，但我也要尽力而为。一个人的能力总是有限的，不可能对每一件事的成功都有把握，但只要尽力而为，就会少了许多遗憾。

人的一生不可能一帆风顺，谁都会在不经意间遇到伤心、痛苦、失落、寂寞等一些不如人意的事，这种感觉自然是很痛苦的，面对这样的情况，我们是该半途而废撒手就走呢，还是依然照着原来的方法追求下去呢？很明显，半途而废肯定不是什么妙招儿，我们还是尽自己最大的努力走下去，即使不能如愿，达不到自己想要的目的，最起码我们尽力了，无愧于自己的心。

尽力而为，问心无愧

其实人这一辈子都在求一个心安，上无愧于父母，下无愧于自己。做任何事情只要尽力了就好，不必过于苛求，更不能虎头蛇尾。当你做出了一个选择，就要朝着目标努力，即使结果不那么尽如人意，你也不要放弃，既然选择了就一定要坚持。

美国前总统吉米·卡特当年以优异的成绩毕业于海军学院后，曾提出申请参加核潜艇计划，为此他与上将海曼·里科弗进行了一次对他影响终身的谈话。谈话时上将不断提出问题，这让卡特感到自己所知道的知识实在是太贫乏了，最后上将问他："在海军学院你排在第几?"他回答："全年级一共820人，我排在第58位。"上将听了他的话并没有对他的成绩加以赞赏，反而问他："你是否尽力而为了？"他犹豫了一下说："是的，上将。"不过他紧接着又说，"不，我并没有做到时时尽力而为。"上将对他凝视片刻后，又问道："为什么没有尽力而为？"卡特被震动了，尽管他被批准参加了这次计划，但是上将的话他永远都铭记在心里，时时刻刻提醒自己做事要尽力而为。

一个人，虽然不能改变人生的长度，但他可以拓宽人生的宽度。执着地追求自己想要的就是一种拓宽人生宽度的好方法。要知道机会是给有准备的人的，不要等到机会已经离你远去了才后悔自己的不珍惜，才责怪自己当初为什么不再努力一下。错过了一次，也许就错过了很多，因为这一次就足以把距离拉得很远，要做到问心无愧就必须尽力而为，虽然不能保证一定会实现你的理想，但最起码不会有遗憾，你可以对自己说：我尽力了，我无怨无悔。如果你到达了理想的彼岸，那是不是就是一种意外的收获呢？所以，不管事态如何发展，请千万不要放弃，请千万再努力一下，哪怕是和自己赌一把。

尽力而为，不可强求

中国有句名言："人应先尽力而为，而后听天由命。"相信每个人都能深深地体会这句话的意义，先尽力而为，是一个有志于走向成功的人应该做的，这样的人面对难题不会畏首畏尾；后听天由命，是当我们尽力之后，事情如果还是无法向我们所期望的方向发展，那么我们也不可惜，因为至少我们问心无愧。听天由命只是在我们尽力而为后的一个无足轻重的行为，当我们所处的环境不容许实现自己的理想时，我们只需顺其自然就好，无需过于认真。

安德鲁·卡内基这个世界上赫赫有名的钢铁大王，他的一生就充满了传奇色彩，从一个小小的工人到一个拥有巨大财富的大亨，这与他"凡事尽力而为"的做事态度是分不开的，他的座右铭就是：凡事尽力而为，做最好的自己。他的一生换过很多的工作，12岁时，他就到了一家纺织厂做了一名工人，虽然年纪小，但他不甘心落在人后，决心做全厂最优秀的工人，他也照着想法做了，最后，他果然成了全厂最出色的工人。后来，他又做了一名邮递员，他又想怎么样把这个工作也做到尽善尽美，他又成功了。直到最后，他一步一步地爬上人生的台阶，成为让人瞩目的钢铁大王。

不置可否，是安德鲁·卡内基的"尽力而为"为他的成功奠定了基础，他的尽力而为在每个时期都用在不同的地方，从不苛求自己超越一个不能超越的领域，这才一步一步地迈向成功。这说明，一个人应该把有限的精力用在他力所能及的事情上去，不能超载现实去做无谓的牺牲。一个人的能力受到很多因素的制约，不可能所有的人都满载而归，想成就一项事业，就必须做到尽力而为，其余的就交给老天来处理吧，完不成的事，千万不可强求。水中捞月，上天摘星，都是虚幻。所以我们要了解客观的条件，给我们一块木材，我们就永远也无法把它打造成金雕的工艺品，但是我们完全可以制作出一件同样让人喜爱的木雕艺术品。

人生就是这样，凡事尽力而为，问心无愧，才能更好地实现自我价值，即使没有获得成功，过程也是人生一大美事。